"十四五"职业教育国家规划教材　高职高专土建专业"互联网＋"创新规划教材

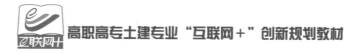

建筑三维平法结构识图教程

（第三版）

傅华夏　主　编

李甲君　副主编

U0246098

北京大学出版社

PEKING UNIVERSITY PRESS

内 容 简 介

本书从标准制图规则出发,以标准构造详图为实例,通过文字叙述、案例解析、三维示意的方式,以图文并茂的形式讲解识读混凝土结构施工图平面整体表示方法的核心知识。本次再版根据22G101系列国家建筑标准设计图集修订。

本书共7章,内容包括钢筋混凝土结构及平法图集概述、柱平法识图、剪力墙平法识图、梁平法识图、板平法识图、楼梯平法识图和基础平法识图。

本书适合作为高职高专院校、继续教育学院建筑工程、工程造价专业的教材和教学参考用书,也可供土建行业从业人员参考使用。

图书在版编目 (CIP) 数据

建筑三维平法结构识图教程 / 傅华夏主编. —3版. —北京:北京大学出版社,2023.9
高职高专土建专业"互联网+"创新规划教材
ISBN 978-7-301-34246-6

Ⅰ.①建… Ⅱ.①傅… Ⅲ.①建筑制图—识图—高等职业教育—教材 Ⅳ.①TU204

中国国家版本馆 CIP 数据核字 (2023) 第 137666 号

书 名	建筑三维平法结构识图教程(第三版)
	JIANZHU SANWEI PINGFA JIEGOU SHITU JIAOCHENG(DI-SAN BAN)
著作责任者	傅华夏 主编
策划编辑	杨星璐 刘健军
责任编辑	范超奕
数字编辑	蒙俞材
标准书号	ISBN 978-7-301-34246-6
出版发行	北京大学出版社
地 址	北京市海淀区成府路 205 号 100871
网 址	http://www.pup.cn 新浪微博:@ 北京大学出版社
电子邮箱	编辑部 pup6@pup.cn 总编室 zpup@pup.cn
电 话	邮购部 010-62752015 发行部 010-62750672 编辑部 010-62750667
印刷者	河北博文科技印务有限公司
经销者	新华书店
	889 毫米 ×1194 毫米 16 开本 16 印张 502 千字
	2016 年 8 月第 1 版 2018 年 1 月第 2 版 2023 年 9 月第 3 版
	2024 年 12 月第 3 次印刷 (总第 17 次印刷)
定 价	69.00 元

第三版
前言

　　《建筑三维平法结构识图教程》第三版是在继承前两版教材"以国家标准图集为准，从结构识图知识出发，通过三维全彩插图解析案例"特点的基础上，根据现行22G101系列国家建筑标准设计图集编写的。

　　22G101系列国家建筑标准设计图集是指导设计人员设计平法施工图、施工人员识读平法施工图的重要标准，包括《混凝土结构施工图平面整体表示方法制图规则和构造详图（现浇混凝土框架、剪力墙、梁、板）》（22G101—1）、《混凝土结构施工图平面整体表示方法制图规则和构造详图（现浇混凝土板式楼梯）》（22G101—2）、《混凝土结构施工图平面整体表示方法制图规则和构造详图（独立基础、条形基础、筏形基础、桩基础）》（22G101—3）共3册，统称为22G101平法图集。

　　本书全面覆盖了22G101平法图集制图规则的内容，结合高职高专院校识图课程的教学要求，对混凝土结构施工图平面整体表示方法（简称"平法"）的识读重点讲解，知识的全面性、整体性、连贯性较强，力图解决平法施工图理解难、掌握难、应用难的问题，突出职业素养的培养，全面贯彻党的二十大精神。因此，本书也可作为工具书，供土建行业从业人员使用。

　　本书按照"互联网+"教材的编写思路，使用3ds Max制作了上百个标准构造节点的三维模型：一方面导出全彩插图，与标准构造节点平面图对照讲解识图规则；另一方面嵌入到二维码，读者使用手机扫描，即可直观查看标准构造节点的钢筋混凝土构造，极大地方便了读者学习和掌握平法识图知识。

　　本书及其配套的《建筑三维平法结构图集》自出版以来，获得了广大高职高专院校师生及土建行业从业人员的认可，本书也先后被评为"十三五"和"十四五"职业教育国家规划教材。在此向支持本书的读者致以真诚的谢意。

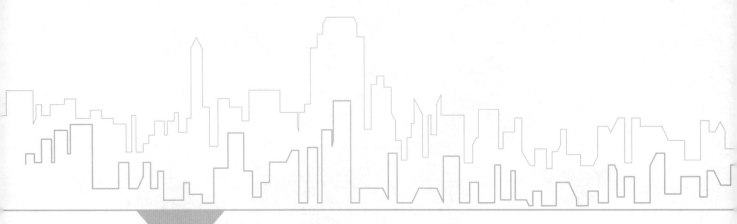

　　本书由广州松田职业学院傅华夏任主编，内蒙古机电职业技术学院李甲君任副主编。

　　本书在编写过程中虽然反复推敲论证，但难免仍有不足和疏漏之处，恳请广大读者批评指正并提出宝贵的意见和建议。作者电子邮箱为329946810@qq.com。

　　在此特别感谢广东工业大学郭仁俊教授对本书的编写提供了宝贵意见！

编　者

资源索引

目录 CONTENTS

钢筋混凝土结构及平法图集概述

 思维导图

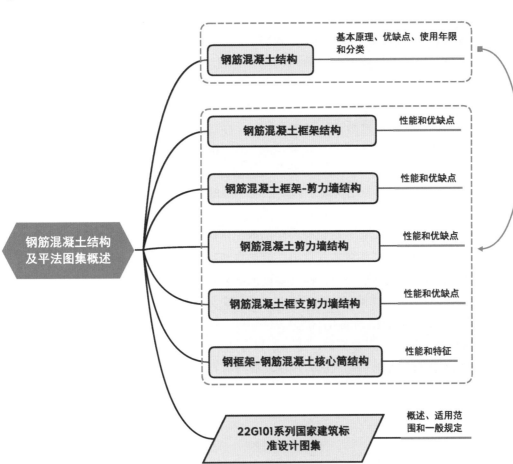

1.1 认识钢筋混凝土结构

钢筋混凝土结构是指由配有钢筋增强的混凝土构件组成的承重体系。钢筋混凝土结构建筑包括薄壳结构建筑、大模板现浇结构建筑，以及使用滑模、升板等施工工艺建造的钢筋混凝土结构的建筑物。在钢筋混凝土结构中，钢筋承受拉应力，混凝土承受压应力。

钢筋混凝土结构在土木工程中的应用范围极广，各种工程结构都可采用钢筋混凝土建造。在核工程、海洋工程和机械制造业的一些特殊场合，如反应堆压力容器、海洋平台、巨型油船、大吨位水压机机架等，钢筋混凝土结构均得到了十分有效的应用，解决了钢结构难以满足的技术问题。

🌀 特别提示

钢筋混凝土结构是由钢筋和按比例混合搅拌的混凝土浇筑成结构构件后，共同承受荷载和温度应力的结构形式，其中钢筋的抗拉强度和混凝土的抗压强度最为重要，另外还受施工时的温度、湿度影响，因为温度、湿度会影响混凝土的强度及抗渗、抗裂、耐久等性能。

1.1.1 钢筋混凝土结构的基本原理

由于混凝土的抗拉强度远低于抗压强度，因而素混凝土结构不能用于承受拉应力的梁和板。如果在混凝土梁、板的受拉区内配置钢筋，则混凝土开裂后的拉力即可由钢筋承担，这样就可充分发挥混凝土抗压强度较高和钢筋抗拉强度较高的优势，共同抵抗外力的作用，提高混凝土梁、板的承载能力。

钢筋与混凝土两种不同性质的材料能有效地共同工作，是由于混凝土硬化后与钢筋之间产生了黏结力。黏结力由分子力（胶合力）、摩阻力和机械咬合力三部分组成，其中起决定性作用的是机械咬合力，占总黏结力的一半以上。将光圆钢筋的端部做成弯钩及将钢筋焊接成钢筋骨架或网片，均可增加钢筋与混凝土之间的黏结力。为保证钢筋与混凝土之间的可靠黏结和防止钢筋被锈蚀，钢筋周围须设 15～30mm 厚的混凝土保护层。若结构处于有侵蚀性介质的环境中，保护层厚度还要加大，以防止钢筋被氧化、锈蚀。

梁和板等受弯构件中受拉力的钢筋，根据弯矩图的变化沿纵向配置在结构构件受拉的一侧。在柱和拱等结构中，钢筋也被用来增强结构的抗压能力。钢筋有两种配置方式：一种是沿压力方向配置纵向受力钢筋，以与混凝土共同承受压力；另一种是垂直于压力方向配置横向的钢筋网和箍筋，以阻止混凝土在压力作用下的侧向膨胀，使混凝土处于三向受压的应力状态，从而增强混凝土的抗压强度和变形能力。由于按第二种方式配置的钢筋并不直接承受压力，所以这种钢筋配置方式也称间接配筋。在受弯构件中，与纵向受力钢筋垂直的方向，还须配置分布筋和箍筋，以便更好地保持结构的整体性，承担因混凝土收缩和温度变化而引起的应力，以及横向剪力。

1.1.2 钢筋混凝土结构的优缺点

1. 钢筋混凝土结构的优点

①就地取材；②耐久性、耐火性好（与钢结构比较）；③整体性好；④可模性好；⑤比钢结构节约钢材。

2. 钢筋混凝土结构的缺点

①自重大；②混凝土抗拉强度较低，易开裂；③费工、费模板，施工周期长；④施工受季节影响；

⑤补强修复困难。

1.1.3 钢筋混凝土结构的使用年限

住宅的使用年限是指住宅在有形磨损下能维持正常使用的年限，是由住宅的构造形式、施工质量等综合因素决定的自然寿命。

钢筋混凝土结构建筑的耐久性根据具体情况不同而有差异，一般民用建筑的设计使用年限是50年，纪念性建筑或特别重要的建筑为100年。建筑使用过久会出现缺陷，比如混凝土开裂会造成对钢筋的保护能力降低，导致钢筋锈蚀，结构破坏加速，从而使耐久性大大降低，还有自然的侵蚀风化作用也会影响混凝土的耐久性，但如果后期加强维护，对缺陷及时修补，能够及时发现隐患并采取一定的技术处理，早发现早处理，就会使混凝土的耐久性大大提高。

> **🔩 特别提示**
>
> 为保证钢筋混凝土结构使用年限的要求，国家规定了钢筋混凝土结构建筑的最低混凝土强度等级、最小保护层厚度、最大水灰比、最小水泥用量、最低混凝土强度等级、最大氯离子含量、最大碱含量等一些要求。

1.1.4 钢筋混凝土结构分类

工程中常见的钢筋混凝土结构有：钢筋混凝土框架结构、钢筋混凝土框架－剪力墙结构、钢筋混凝土剪力墙结构、钢筋混凝土框支剪力墙结构、钢框架－钢筋混凝土核心筒结构。

1.2 认识钢筋混凝土框架结构

1.2.1 钢筋混凝土框架结构的性能

框架结构是指将梁、柱、板以刚接或铰接的方式连接从而形成的建筑框架空间承重体系，共同承受建筑使用过程中出现的水平荷载和竖向荷载的建筑结构形式。框架结构建筑的墙体不承重，仅起到围护和分隔作用，一般用预制的加气混凝土砌块、膨胀珍珠岩、空心砖或多孔砖等建材及浮石、蛭石、陶粒等材料砌筑或装配而成。

框架结构又称构架式结构。框架结构按跨数分为单跨、多跨结构；按层数分为单层、多层结构；按立面构成分为对称、不对称结构；按连接方式分为静定的三铰框架、超静定的双铰框架与无铰框架；按所用材料分为钢框架、钢筋混凝土框架、胶合木结构框架和钢与钢筋混凝土混合框架结构等。钢筋混凝土框架结构是最常用的框架结构，又分为现浇整体式、全装配式、装配整体式，可根据需要施加预应力（主要是对梁或板施加预应力）。其中，装配整体式钢筋混凝土框架结构适合大规模工业化施工，效率较高，工程质量较好。

钢筋混凝土框架结构如图1.1所示。钢筋混凝土框架结构广泛用于住宅、学校、办公楼，根据需要对梁或板施加预应力，可适用于较大跨度的建筑。

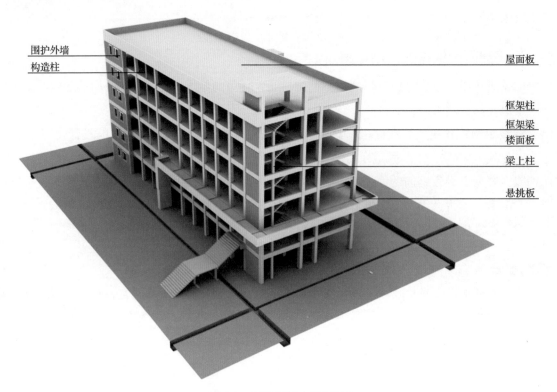

围护外墙
构造柱
屋面板
框架柱
框架梁
楼面板
梁上柱
悬挑板

图 1.1 钢筋混凝土框架结构

1.2.2 钢筋混凝土框架结构的优缺点

1．钢筋混凝土框架结构的优点

①空间分隔灵活，自重轻，节省材料；②可以较灵活地配合建筑平面布置、定型，若采用装配整体式钢筋混凝土框架结构可缩短施工工期；③采用现浇整体式钢筋混凝土框架结构时，其结构配置的优点是利于安排有大空间需求的建筑结构；④梁、柱构件组成的框架整体性较好、刚度较高，设计处理得好也能达到较好的抗震效果，而且可以把梁或柱浇筑成各种需要的截面形状，灵活多样，造型美观。

2．钢筋混凝土框架结构的缺点

①框架节点应力集中明显；②结构的侧向刚度小，属于柔性结构，在强烈地震作用下，结构所产生的水平位移较大，易造成严重的非结构性破坏；③若采用预制安装施工，其吊装次数多，接头工作量大，工序多，浪费人力，施工受季节、环境影响较大；④不适宜建造高层建筑。

框架结构是由梁、柱等杆系构件构成的杆系结构，其承载力和刚度都较低，特别是侧向刚度小造成的水平方向承载力较低。在风荷载水平推力作用下，结构上部位移较大。它的受力特点类似于竖向悬臂剪切梁，其总体水平位移上大下小，但相对于各楼层而言，层间变形上小下大。

对于钢筋混凝土框架结构来说，当建筑高度大、层数多时，结构底部各层不仅柱的轴力很大，而且梁和柱由于水平荷载所产生的弯矩和结构整体的侧移也明显增加，从而导致底层柱截面尺寸和配筋增大，因此也给建筑平面布置和空间处理带来一定的困难，影响建筑的合理使用。

此外，在材料消耗和造价方面，随着建筑层数或高度的增加，钢筋混凝土框架结构也趋于不合理，故一般只适用于建造不超过 15 层的房屋。

特别提示

在框架结构中，梁、柱的设计与施工是最关键的，如何提高框架的侧向刚度及控制好结构水平位移应重点考虑。

1.3 认识钢筋混凝土框架－剪力墙结构

1.3.1 钢筋混凝土框架－剪力墙结构的性能

钢筋混凝土框架－剪力墙结构是在钢筋混凝土框架结构中设置部分剪力墙的结构，简称框架－剪力墙结构。框架－剪力墙结构能够增强建筑上部结构与基础的连接，从而提高建筑稳定性、抗震能力和侧向刚度。

框架－剪力墙结构具有框架结构平面布置灵活、有较大空间的优点，又具有剪力墙结构侧向刚度较大的优点。其剪力墙在水平荷载（风荷载和水平地震力）的作用下抵抗变形的能力很强。框架－剪力墙结构中，剪力墙主要承受水平荷载，竖向荷载主要由框架承担（平剪竖框）。横向剪力墙宜均匀对称布置在建筑物横向端部附近、平面形状变化处，纵向剪力墙宜布置在建筑物纵向端部附近。在水平荷载的作用下，剪力墙好比固定于基础上的悬臂梁，其变形为弯曲型变形，框架为剪切型变形。剪力墙与框架通过楼板连系在一起，并通过楼板的水平刚度使两者具有共同的变形。在一般情况下，整个建筑的全部剪力墙至少承受 80% 的水平荷载。

同时，框架－剪力墙结构中剪力墙部分替代了框架结构中的梁、柱，能承担各类荷载引起的内应力，并能有效控制结构的水平位移。剪力墙能承受竖向力和水平力，它的刚度很大。框架－剪力墙结构空间整体性好，房间内无梁、柱棱角外露，便于室内布置，方便使用。框架－剪力墙结构适用于高度不超过 170m 的建筑，是高层住宅广泛采用的一种结构形式，如图 1.2 所示。

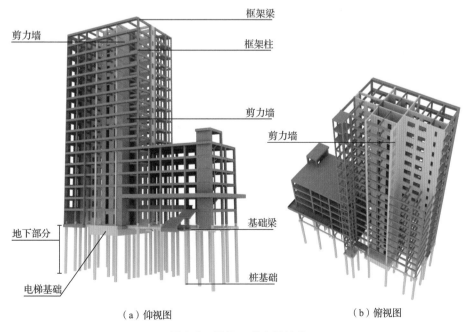

（a）仰视图　　　　　　　　　（b）俯视图

图 1.2　框架－剪力墙结构

注：框架－剪力墙结构的剪力墙与基础连接。图中黄色部分为剪力墙墙体与基础。

1.3.2　钢筋混凝土框架-剪力墙结构的优缺点

1．框架－剪力墙结构的优点

①同样抗震设防烈度地区，框架－剪力墙结构因抗震能力较接近剪力墙结构，抗震规范允许建造的高度比框架结构高得多；②在水平荷载作用下的整体侧向变形介于弯曲型与剪切型之间，是较为均衡的结构类型；③在建材用量等各方面都比较适中；④由于框架－剪力墙结构在水平荷载作用下，大部分剪力由剪力墙承担，底层的框架柱截面尺寸不必做得过大，从而增加建筑使用面积，能满足不同建筑功能要求。

2．框架－剪力墙结构的缺点

施工工艺复杂，剪力墙构件种类繁多，难以采用预制构件进行装配式建造。

🐚 特别提示

框架－剪力墙结构在高层住宅中较为常见，同学们将来在实践过程中会常常与之接触，应高度重视。尤其是剪力墙构件的施工较为复杂，我们应该将其22G101—1标准构造详图牢牢掌握，以便在实践中熟练运用。

1.4　认识钢筋混凝土剪力墙结构

1.4.1　钢筋混凝土剪力墙结构的性能

钢筋混凝土剪力墙结构是指用剪力墙代替框架结构中的梁、柱整体浇筑而成，能承担各类荷载引起的应力，并能有效控制结构水平变形的一种钢筋混凝土结构形成，简称剪力墙结构。剪力墙能承受竖向和水平荷载，刚度大，空间整体性好，便于室内布置，方便使用。剪力墙结构如图1.3所示。

剪力墙由纵向和横向的钢筋混凝土墙板组成，高层建筑中使用剪力墙承受荷载，可提高建筑抵抗水平地震力的能力。同时，高层建筑高空承受风荷载，采用剪力墙抵抗风荷载的能力比柱更好。剪力墙除能抵抗水平荷载和竖向荷载外，还能对房屋起围护和分隔作用。

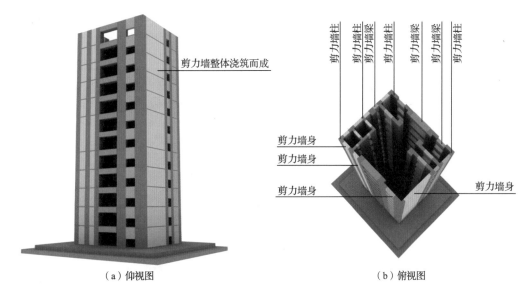

（a）仰视图　　　　　　　　　　　　　　（b）俯视图

图1.3　剪力墙结构

注：如果将楼板隐藏，我们会发现剪力墙结构的竖向承重构件均为钢筋混凝土墙体，具体包括剪力墙柱、剪力墙身、剪力墙梁、剪力墙洞等。

1.4.2　钢筋混凝土剪力墙结构的优缺点

1．剪力墙结构的优点

①整体性好；②侧向刚度大，水平荷载作用下变形小；③由于没有梁、柱等构件外露与凸出，便于房间内部空间布置。

2．剪力墙结构的缺点

①不能布置大空间房屋；②结构延性较差。

🌀 特别提示

　　高层建筑楼层越高，风荷载对建筑的水平推力越大，由此建筑上部结构产生的水平位移越大。这是因为建筑结构是被底部的基础所约束的，风会对建筑上部结构产生水平力，由此建筑会产生一定的摇摆，对建筑造成弯/拉/剪应力极限破坏。设置剪力墙可有效限制建筑摇摆，抵抗弯/拉/剪应力，其靠竖向墙板去抵抗风荷载的水平力，使得建筑不产生摇摆或者产生摇摆的幅度特别小，也提高了建筑的稳定性和抗震能力。但是全剪力墙结构一般很少使用，虽然其整体性好，但是自重很大，对基础的要求很高，所以现在高层、中高层建筑绝大多数采用框架－剪力墙结构。

1.5　认识钢筋混凝土框支剪力墙结构

1.5.1　钢筋混凝土框支剪力墙结构的性能

　　钢筋混凝土框支剪力墙结构（简称框支剪力墙结构）中，部分剪力墙因建筑设计要求不能落地，直接落在下层梁上，再由梁将荷载传至柱上，这样的梁就叫框支梁，柱叫框支柱，上面的剪力墙就叫框支剪力墙。这是一个局部的概念，因为结构中一般只有部分剪力墙会是框支剪力墙，而大部分剪力墙一般都会与地基连接。例如，一些设有地下车库的建筑，当剪力墙结构无法满足空间使用要求时，就可以采用框支剪力墙结构，如图1.4所示。

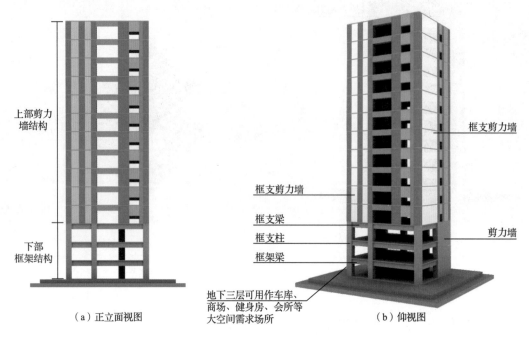

上部剪力
墙结构

下部
框架结构

（a）正立面视图

框支剪力墙

框支梁
框支柱
框架梁

地下三层可用作车库、
商场、健身房、会所等
大空间需求场所

框支剪力墙

剪力墙

（b）仰视图

图 1.4　框支剪力墙结构

1.5.2　钢筋混凝土框支剪力墙结构的优缺点

框支剪力墙结构抗震性能差，造价高，应尽量避免采用。但它能满足现代建筑中不同功能组合的需要，因此有时结构设计中又不可避免须采用此种结构形式，对此应采取措施积极改善其抗震性能，尽可能减少材料消耗，以降低工程造价。

特别提示

相对于框架结构，框支剪力墙结构能够承受更大的荷载。一般10层及以下建筑用框架结构较多。在楼层超过10层但荷载不大时，仍优先考虑框架结构，因为框架结构的造价要低于框支剪力墙结构。仅在特殊情况下，10层以上高层建筑采用框支剪力墙结构。

在地震区，不允许采用纯粹的框支剪力墙结构。

1.6　认识钢框架 – 钢筋混凝土核心筒结构

1.6.1　钢框架–钢筋混凝土核心筒结构的性能

高层及超高层建筑中，水平荷载起控制作用。筒体结构便是抵抗水平荷载最有效的结构体系。它的受力特点是，整个建筑犹如一个固定于基础上的空心封闭筒式悬臂梁来抵抗水平荷载。筒体结构可分为框架 – 核心筒结构、筒中筒结构及多筒结构等。其中框架 – 核心筒结构由核心筒与外围的稀柱框架组成。筒中筒结构由内筒和外筒组成，内筒一般为核心筒，与外筒通过楼盖连接成整体，共同抵抗水平荷载及竖向荷载，这种结构体系适用于高度不超过300m的建筑。多筒结构是将多个筒体组合在一起，使结构具有更大的抵抗水平荷载的能力。美国芝加哥威利斯大厦就是9个筒体组合在一起的多筒结构，总高为442m。

钢框架−钢筋混凝土核心筒结构就是在建筑的中央部分，由电梯井道、楼梯、通风井、电缆井、公共卫生间、部分设备间围护形成中央核心筒，筒体以钢筋混凝土浇筑而成，与外围钢框架形成一个外框内筒结构。此种结构十分有利于高层建筑受力，并具有极优的抗震性能。它是国际上超高层建筑广泛采用的结构形式。例如，我国的广州塔就是钢框架−钢筋混凝土核心筒建筑。

1.6.2　钢框架−钢筋混凝土核心筒结构的特征

钢框架 - 钢筋混凝土核心筒结构如图1.5所示，其主要构件是钢筋混凝土核心筒和钢框架。两种材料的特点造成两种构件截面差异较大，钢筋混凝土核心筒的抗侧向刚度远远大于钢框架，随着楼层增加，钢筋混凝土核心筒承担作用于建筑物上的水平荷载的比重越来越大。钢框架部分主要承担竖向荷载及少部分水平荷载，随着楼层增加，钢框架承担作用于建筑物上的水平荷载的比重越来越小。由于钢材强度高，可以有效减小柱截面，增加建筑使用面积。

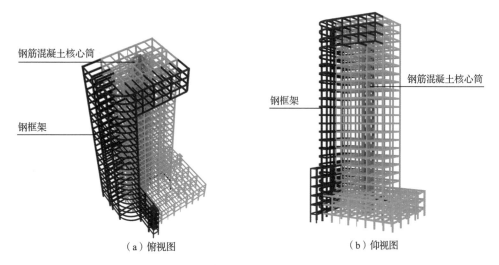

（a）俯视图　　　　　　（b）仰视图

图1.5　钢框架−钢筋混凝土核心筒结构

特别提示

因过于增强钢筋混凝土核心筒刚度而形成的（相对）弱钢框架结构体系，在强震作用下会造成混凝土墙体开裂，从而导致结构整体抗侧向刚度迅速下降，钢框架结构部分承担的水平荷载的比重迅速增加，超越钢框架承载能力，其破坏是很严重的，甚至会使结构倒塌。

1.7　认识22G101系列国家建筑标准设计图集

1.7.1　22G101系列国家建筑标准设计图集概述

22G101系列国家建筑标准设计图集是指混凝土结构施工图平面整体表示方法制图规则和构造详图，简称平法图集，包括现浇混凝土框架、剪力墙、梁、板分册（22G101—1），现浇混凝土板式楼梯分册（22G101—2）和独立基础、条形基础、筏形基础、桩基础分册（22G101—3）。

平面整体表示方法，概括来讲，是把结构构件的尺寸和配筋等信息按照平面整体表示方法制图规则，直接表达在各类构件的结构平面布置图上，再与标准构造详图相结合，构成一套完整的结构设计施工图纸。

平法图集的制图规则，既是设计人员完成平法施工图的依据，也是施工、监理人员准确理解和实施平法施工图的依据。

1.7.2 平法图集适用范围

平法图集适用于抗震设防烈度为 6 ～ 9 度地区的现浇混凝土框架、剪力墙、框架 - 剪力墙和部分框支剪力墙等主体结构施工图的设计。

1.7.3 平法图集一般规定

（1）平法图集中，符号"ϕ"代表钢筋直径，符号"φ"代表 HPB300 钢筋，符号"Φ"代表 HRB400 钢筋。

（2）平法图集标准构造详图中钢筋采用 90°弯折锚固时，图示"平直段长度"及"弯折段长度"均指包括弯弧在内的投影长度，如图 1.6 所示。

（3）平法图集中涉及的部分图例如表 1-1 所示。

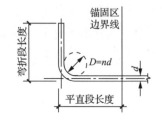

图 1.6 钢筋 90°弯折锚固示意

表 1-1 平法图集部分图例

名称	图例	说明
钢筋端部截断	——	表示长、短钢筋投影重叠时，短钢筋的端部用 45°斜划线表示
钢筋搭接连接	——	—
钢筋焊接	——	—
钢筋机械连接	——	—
端部带锚固板的钢筋	⊢—	—

✏ **知识链接**

钢筋混凝土主体工程施工程序

施工准备→材料采购→加工→模板、钢筋制作安装→混凝土拌和→运输→浇筑振实→养护→拆模→养护→检查验收。

✎ **拓展讨论**

1995 年，建设部组织的"《建筑结构施工图平面整体设计方法》科研成果鉴定"会议和随后在《中国建设报》刊登的题为《结构设计的一次飞跃》的文章，使建筑结构施工图平面整体设计方法在我国建筑界产生了强烈的影响。1996 年，建设部批准《混凝土结构施工图平面整体表示方法制图规则和构造详图》（96G101）施行，G101 系列图集自此应运而生。至今，该系列图集经历了 96 版、00 版、03（04）版、11 版、16 版、22 版多次修订。党的二十大报告指出，建设现代化产业体系。从平法这一技术成果的施行和推广中可以看出，建筑行业的现代化产业体系建设离不开政府的作用。请查阅相关资料，并讨论政府还推行了建筑行业哪些技术领域的现代化产业体系建设？

◀ **本章小结** ▶

　　常见的钢筋混凝土结构包括钢筋混凝土框架结构、钢筋混凝土框架 - 剪力墙结构、钢筋混凝土剪力墙结构、钢筋混凝土框支剪力墙结构和钢框架 - 钢筋混凝土核心筒结构，不同结构形式有不同力学性能和优缺点。在结构识图中应根据不同的结构形式，对其平法施工图进行识读。平法施工图的设计依据为22G101系列国家建筑标准设计图集。通过学习本章内容，我们能够认识各类钢筋混凝土结构形式，并了解22G101系列国家建筑标准设计图集的基本编制说明。

◀ **习　　题** ▶

一、单选题

1. 下列结构不属于钢筋混凝土结构的是（　　）。

　　A. 框架结构　　　　　　　　　　B. 框架－剪力墙结构

　　C. 框支剪力墙结构　　　　　　　D. 砖混结构

2. 混凝土的（　　）主要与其密实度及内部孔隙的大小和构造有关。

　　A. 抗冻性　　　　　　　　　　　B. 抗侵蚀性

　　C. 抗老化　　　　　　　　　　　D. 抗渗性

3. 下列框架结构建筑的说法中，正确的是（　　）。

　　A. 适合超高层建筑　　　　　　　B. 节点处应力集中

　　C. 空间利用率低　　　　　　　　D. 墙体承重

二、多选题

1. 下列属于框架结构建筑构件的有（　　）。

　　A. 框架柱　　　　　　　　　　　B. 框架梁

　　C. 板　　　　　　　　　　　　　D. 楼梯

　　E. 构造柱

2. 下列属于框支剪力墙结构构件的有（　　）。

　　A. 框支柱　　　　　　　　　　　B. 框支梁

　　C. 板　　　　　　　　　　　　　D. 楼梯

　　E. 剪力墙

在线答题

柱平法识图

 思维导图

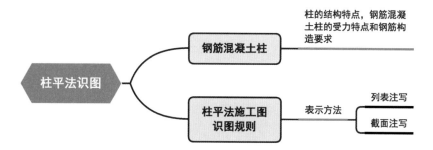

2.1 认识钢筋混凝土柱

2.1.1 柱的结构特点

在建筑结构中，截面尺寸较小，而高度相对较高的构件称为柱。

柱主要承受竖向荷载，是主要的竖向受力构件，但有时也要承受横向荷载或较大的偏心压力，导致柱出现弯曲和受剪力状态。柱是房屋建筑中极为重要的构件，在其较小的截面上，要承受较大的荷载，因而容易出现失稳破坏，导致整个结构的倒塌。柱广泛应用于房屋建筑中，如框架柱、排架柱、楼盖或屋盖的支柱等。

2.1.2 钢筋混凝土柱的受力特点和钢筋构造要求

钢筋混凝土柱是建筑工程中常见的受压构件。实际工程中的细长受压柱，破坏前将发生纵向弯曲，因此其极限承载力比同等条件的短柱更低。

在轴心受压柱中，纵筋数量由计算确定，应不少于 4 根且沿构件截面四周均匀设置。纵筋宜采用较粗的钢筋，以保证钢筋骨架的刚度及防止受力后过早压屈。

柱的箍筋应做成封闭式，其数量（直径和间距）由构造确定。当采用热轧钢筋时，箍筋直径不应小于 $d/4$（d 为纵筋的最大直径），且不应小于 6mm，箍筋的间距不应大于 400mm 及构件截面的短边尺寸，且不应大于 $15d$（d 为纵筋的最小直径），箍筋形式根据截面形式、尺寸及纵筋根数确定。当柱截面短边尺寸不大于 400mm，且各边纵筋不多于 4 根时，可采用单个箍筋；当柱截面短边尺寸大于 400mm，且各边纵筋多于 3 根，或当柱截面短边尺寸不大于 400mm，各边纵筋多于 4 根时，应设置复合箍筋；对于截面形式复杂的柱，不能采用内折角箍筋。

> **✎ 知识链接**
>
> 钢筋混凝土柱按照制作方法分为现浇钢筋混凝土柱和预制钢筋混凝土柱。现浇钢筋混凝土柱整体性好，但支模工作量大。预制钢筋混凝土柱施工比较方便，但不容易保证节点连接质量。

2.2 柱平法施工图识图规则

2.2.1 柱平法施工图的表示方法

柱平法施工图是在柱平面布置图上采用列表注写方式或截面注写方式表达，分别如图 2.1 和图 2.2 所示。

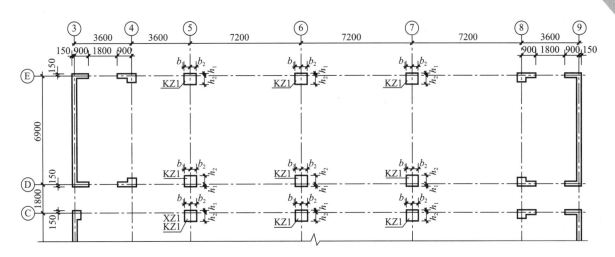

柱编号	标高/m	$b×h$/mm (圆柱直径D/mm)	b_1/mm	b_2/mm	h_1/mm	h_2/mm	全部纵筋	角筋	b边一侧 中部筋	h边一侧 中部筋	箍筋 类型号	箍筋	备注
KZ1	-4.530～-0.030	750×700	375	375	150	550	28Φ25				1(6×6)	Φ10@100/200	
	-0.030～19.470	750×700	375	375	150	550	24Φ25				1(5×4)	Φ10@100/200	—
	19.470～37.470	650×600	325	325	150	450		4Φ22	5Φ22	4Φ20	1(4×4)	Φ10@100/200	
	37.470～59.070	550×500	275	275	150	350		4Φ22	5Φ22	4Φ20	1(4×4)	Φ8@100/200	
XZ1	-4.530～8.670						8Φ25				按标准构造详图	Φ10@100	⑤×Ⓒ轴KZ1中设置

-4.530～59.070m柱平法施工图（局部）

图2.1　柱平法施工图列表注写方式

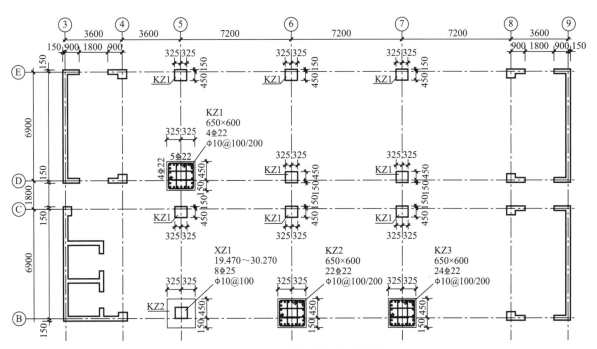

19.470～37.470m柱平法施工图（局部）

图2.2　柱平法施工图截面注写方式

屋面2	65.670	
塔层2	62.370	3.30
屋面1 （塔层1）	59.070	3.30
16	55.470	3.60
15	51.870	3.60
14	48.270	3.60
13	44.670	3.60
12	41.070	3.60
11	37.470	3.60
10	33.870	3.60
9	30.270	3.60
8	26.670	3.60
7	23.070	3.60
6	19.470	3.60
5	15.870	3.60
4	12.270	3.60
3	8.670	3.60
2	4.470	4.20
1	-0.030	4.50
-1	-4.530	4.50
-2	-9.030	4.50
层号	标高/m	层高/m

结构层楼面标高
结 构 层 高

注：上部结构嵌固
部位标高为-4.530m。

图2.3 层高表

在柱平法施工图中，应按规定注明各结构层的楼面标高、结构层高及相应的结构层号，还应注明上部结构嵌固部位位置。上部结构嵌固部位的表达如下。

（1）框架柱嵌固部位在基础顶面时，无须注明。

（2）框架柱嵌固部位不在基础顶面时，在结构层楼面标高、结构层高表（简称层高表）嵌固部位标高下应使用双细线注明，并在层高表下注明上部结构嵌固部位标高，如图2.3所示。

（3）当框架柱嵌固部位不在地下室顶板，但仍需考虑地下室顶板对上部结构实际存在的嵌固作用时，可在层高表地下室顶板标高下使用双虚线注明，此时首层柱端箍筋加密区长度范围及纵筋连接位置均按嵌固部位要求设置，如图2.3所示。

2.2.2 柱平法施工图列表注写方式

列表注写方式，是在柱平面布置图上（一般只需采用适当比例绘制一张柱平面布置图，包括框架柱、转换柱、芯柱等），分别在同一编号的柱中选择一个（有时需要选择几个）截面标注几何参数代号，在柱表中注写柱编号、柱段起止标高、柱截面尺寸（含柱截面对轴线的定位情况）与柱纵筋和箍筋的具体数值，并配以柱截面形状及其箍筋类型的方式来表达柱平法施工图。

1．柱编号

1）柱编号内容

柱编号由类型代号和序号组成，应符合表2-1的规定。

表2-1 柱编号

柱类型	类型代号	序　号
框架柱	KZ	××
转换柱	ZHZ	××
芯柱	XZ	××

注：编号时，当柱的总高、分段截面尺寸和配筋均对应相同，仅截面与轴线的关系不同时，仍可将其编为同一柱号，但图中应注明截面与轴线的关系。

2）柱编号中类型代号的含义

（1）KZ为框架柱第一个字和第三个字拼音首字母。框架柱是指在钢筋混凝土结构中负责将梁和板上的荷载传递给基础的竖向受力构件，如图2.4所示。一般情况下，框架柱由基础到屋面穿过标准层连续设置，楼层越往下，框架柱的截面尺寸及配筋越大。

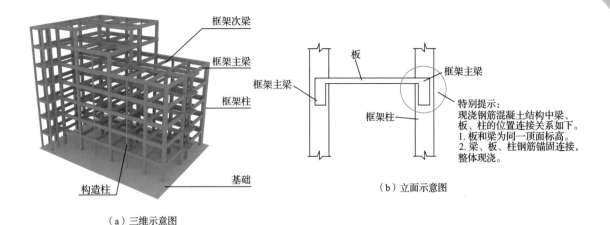

（a）三维示意图　（b）立面示意图

图2.4　框架柱

注：图2.4（a）是将一栋框架结构建筑隐藏楼板，仅显示框架梁和框架柱。从图2.4（b）中可以看出，整栋楼的荷载由框架次梁传递到框架主梁，再由框架主梁传递到框架柱，最后由框架柱传递到基础。较小的构造柱是不承受荷载的。

（2）ZHZ为转换柱拼音首字母。转换柱建筑功能要求下部空间大，上部部分竖向构件不能直接连续贯通落地，而是通过水平转换结构与下部竖向构件连接。当布置转换梁支撑上部剪力墙时，转换梁叫框支梁，支撑框支梁的构件叫转换柱，如图2.5所示。

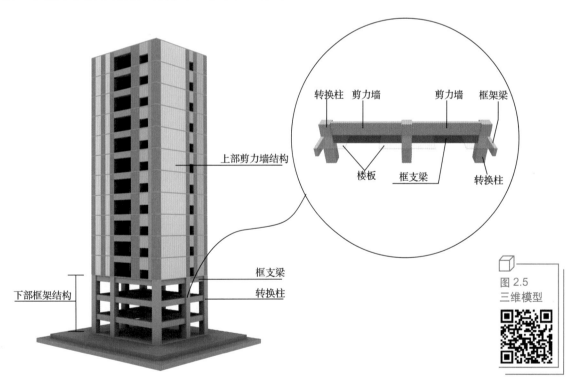

图2.5　框支剪力墙结构中的转换柱

（3）XZ为芯柱拼音首字母。钢筋混凝土结构中底层柱受力较大，因此底层柱设计截面尺寸较大。为了提高其配筋率，在大截面柱中部设置较小的钢筋笼，这样的构件称为芯柱，如图2.6所示。

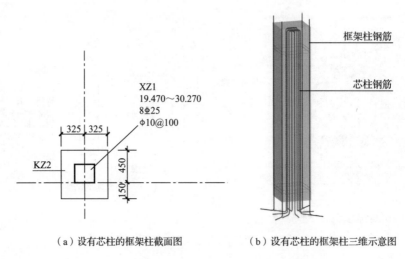

（a）设有芯柱的框架柱截面图　　　　　（b）设有芯柱的框架柱三维示意图

图 2.6　芯柱

2. 柱段起止标高

各段柱的起止标高，自柱根部往上以变截面位置或截面未变但配筋改变处为界分段表示。

梁上起框架柱的根部标高为梁顶面标高；剪力墙上起框架柱的根部标高为墙顶面标高。从基础起的柱，其根部标高为基础顶面标高。

当屋面框架梁上翻时，框架柱顶标高应为梁顶面标高。

芯柱的根部标高为根据结构实际需要而定的起始位置标高。

3. 柱截面尺寸

（1）矩形柱：柱截面尺寸 $b \times h$ 及与轴线关系的几何参数代号 b_1、b_2 和 h_1、h_2 的具体数值，对应于各段柱分别注明，$b=b_1+b_2$，$h=h_1+h_2$。当截面的某一边收缩变化至与轴线重合或偏到轴线的另一侧时，b_1、b_2、h_1、h_2 中的某项为零或为负值。

（2）圆柱：柱表中"$b \times h$"一栏改用在圆柱直径数字前加 d 表示。为表达简单，圆柱截面与轴线的关系也用 b_1、b_2 和 h_1、h_2 表示，并使 $d=b_1+b_2=h_1+h_2$。

（3）芯柱：根据结构需要，在某些框架柱的一定高度范围内，其内部的中心位置设置芯柱（分别引注其柱编号）。芯柱中心与柱中心重合，注明其截面尺寸，按 22G101—1 标准构造详图施工。芯柱定位随框架柱，不需要注明其与轴线的几何关系。

4. 柱纵筋

当柱纵筋直径相同，各边根数也相同时（包括矩形柱、圆柱和芯柱），纵筋注写在柱表"全部纵筋"一栏中；除此之外，柱纵筋分角筋、b 边一侧中部筋和 h 边一侧中部筋三项分别注写（对于采用对称配筋的矩形截面柱，仅注明一侧中部筋，对称边省略不注；对于采用非对称配筋的矩形截面柱，必须每侧均注明中部筋）。

【案例解析 2-1】

以图 2.1 中柱表的 −1 ~ 1 层范围内的框架柱 KZ1 为例，解读该柱信息：标高 −4.530 ~ −0.030m 即 −1 ~ 1 层范围内的框架柱 KZ1，其截面尺寸 $b \times h$ 为 750mm×700mm，与轴线的平面定位关系 $b_1+b_2=b$ 为 375mm+375mm=750mm，$h_1+h_2=h$ 为 150mm+550mm=700mm；全部纵筋为 28⊈25，即 28

根直径为 25mm 的 HRB400 级钢筋，其中角筋为 4Φ28，即 4 根直径为 28mm 的 HRB400 级钢筋，b 边一侧中部筋为 6Φ28，即 6 根直径为 28mm 的 HRB400 级钢筋，h 边一侧中部筋为 6Φ28，即 6 根直径为 28mm 的 HRB400 级钢筋，如图 2.7 所示。

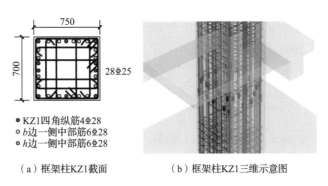

　●KZ1四角纵筋4Φ28
　○b边一侧中部筋6Φ28
　○h边一侧中部筋6Φ28

（a）框架柱KZ1截面　　　　　　（b）框架柱KZ1三维示意图

图 2.7　-1～1 层范围内的框架柱 KZ1

5. 柱箍筋

（1）箍筋类型编号及箍筋肢数，在柱表"箍筋类型号"栏内按表 2-2 的规定表达。箍筋肢数可有多种组合，表中应注明具体的数值：m、n 及 Y 等。

表 2-2　箍筋类型表

箍筋类型编号	箍筋肢数	复合方式
1	$m \times n$	肢数m、肢数n
2	—	
3	—	
4	Y+$m \times n$ 圆形箍	肢数m、肢数n

注：1. 确定箍筋肢数时应满足对柱纵筋"隔一拉一"及箍筋肢距的要求。
　　2. 具体工程设计时，若采用超出本表所列举的箍筋类型或标准构造详图中的箍筋复合方式，应在施工图中另行绘制，并标注与施工图中对应的 b 和 h。

（2）钢筋种类、直径与间距。用斜线"/"区分柱端箍筋加密区与柱身非加密区长度范围内箍筋的不同间距。识图时需在标准构造详图规定的几种长度值中取其最大者作为加密区长度。当框架节点核心区内箍筋与柱端箍筋设置不同时，应在括号中注明核心区箍筋直径及间距。

【案例解析 2-2】

Φ10@100/200，表示柱中箍筋为 HPB300 级钢筋，直径为 10mm，加密区间距为 100mm，非加密区间距为 200mm，如图 2.8（a）所示。

【案例解析 2-3】

Φ10@100/200(Φ12@100)，表示柱中箍筋为 HPB300 级钢筋，直径为 10mm，加密区间距为 100mm，非加密区间距为 200mm。框架节点核心区箍筋为 HPB300 级钢筋，直径为 12mm，间距为 100mm，如图 2.8（b）所示。

当箍筋沿柱全高为一种间距时，则不使用"/"。

【案例解析 2-4】

Φ10@100，表示沿柱全高范围内箍筋均为 HPB300 级钢筋，直径为 10mm，间距为 100mm，如图 2.8（c）所示。

当圆柱采用螺旋箍筋时，需在箍筋前加"L"。

【案例解析 2-5】

LΦ10@100/200，表示采用螺旋箍筋，箍筋为 HPB300 级钢筋，直径为 10mm，加密区间距为 100mm，非加密区间距为 200mm，如图 2.8（d）所示。

图 2.8
三维模型

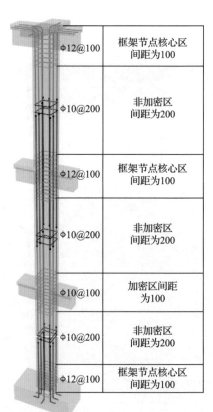

（a）柱箍筋加密区与非加密区　　　　　　　　　　（b）框架节点核心区柱箍筋

图 2.8　案例解析三维示意图

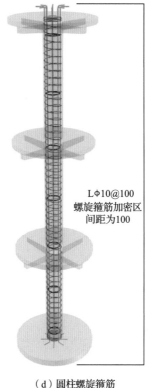

$\phi10@100$
箍筋间距为
100，全高加密

$L\phi10@100$
螺旋箍筋加密区
间距为100

箍筋加密区

（c）柱箍筋全高加密　　　　　　　　　（d）圆柱螺旋箍筋

图 2.8　案例解析三维示意图（续）

特别提示

　　柱箍筋的作用和构造要求是：连接纵筋形成钢筋骨架；作为纵筋的支点，减少纵筋的纵向弯曲变形；承受柱的剪力，使柱截面核心内的混凝土受到横向约束而提高承载能力，因此箍筋的间距不宜过大；在应力复杂和应力集中的部位（如柱和其他构件连接处）及配筋构造上的薄弱处（如纵筋接头处），箍筋需要加密。

6. 采用列表注写方式的柱平法施工图识图案例

识读图 2.9 所示的柱平法施工图列表注写方式示例，其三维详解如图 2.10 ～图 2.13 所示。

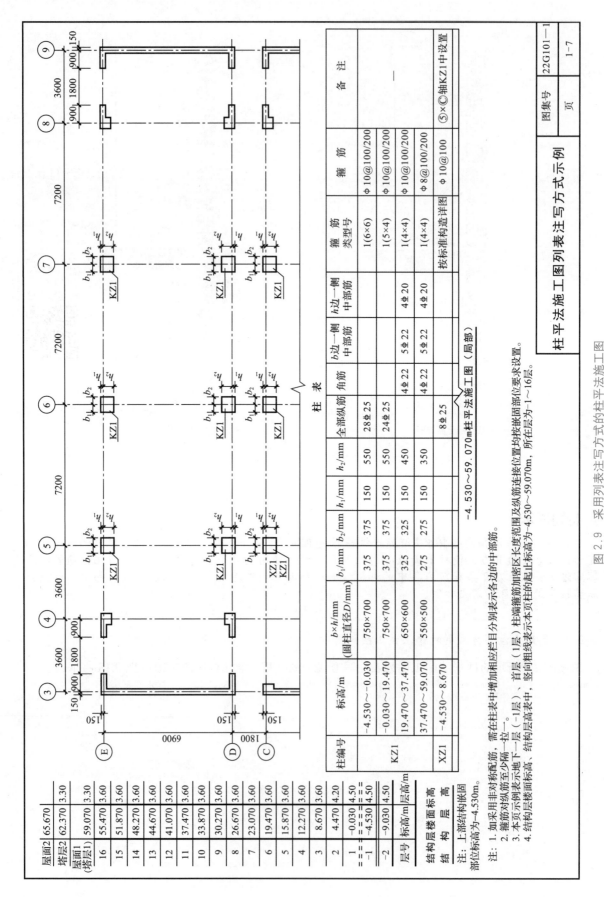

图 2.9 采用列表注写方式的柱平法施工图

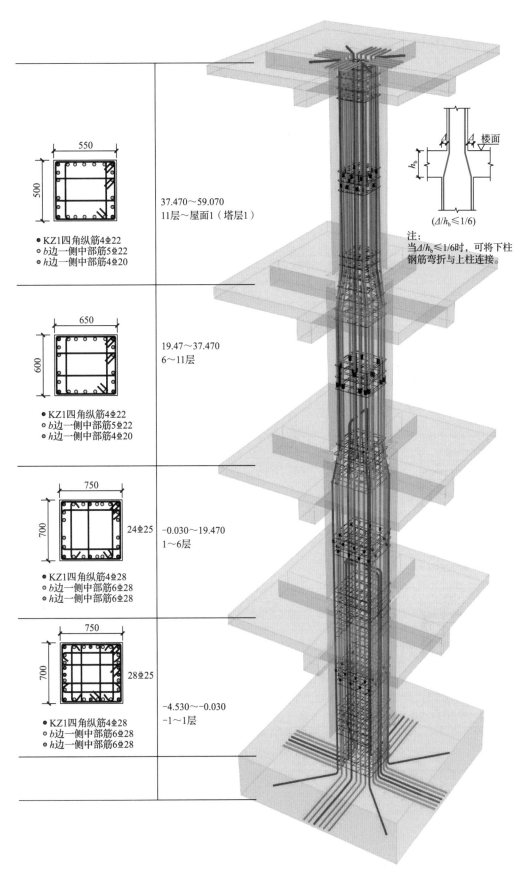

37.470～59.070
11层～屋面1（塔层1）

- KZ1四角纵筋4Φ22
  - b边一侧中部筋5Φ22
  - h边一侧中部筋4Φ20

19.47～37.470
6～11层

- KZ1四角纵筋4Φ22
  - b边一侧中部筋5Φ22
  - h边一侧中部筋4Φ20

-0.030～19.470
1～6层

- KZ1四角纵筋4Φ28
  - b边一侧中部筋6Φ28
  - h边一侧中部筋6Φ28

-4.530～-0.030
-1～1层

- KZ1四角纵筋4Φ28
  - b边一侧中部筋6Φ28
  - h边一侧中部筋6Φ28

24Φ25

28Φ25

楼面

h_b

$(\Delta/h_b \leqslant 1/6)$

注：
当$\Delta/h_b \leqslant 1/6$时，可将下柱
钢筋弯折与上柱连接。

图 2.10　KZ1 中柱形态及钢筋三维示意图

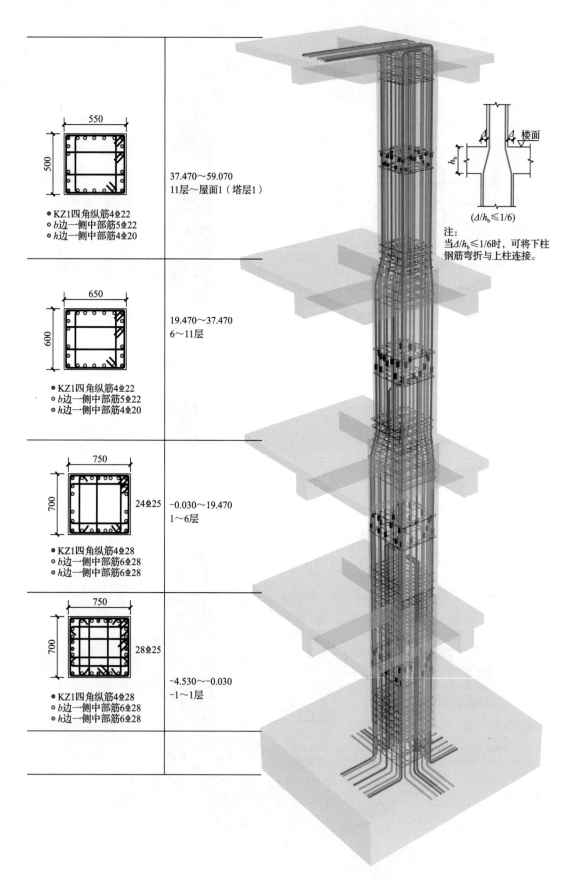

550

500

37.470～59.070
11层～屋面1（塔层1）

● KZ1四角纵筋4Φ22
○ b边一侧中部筋5Φ22
○ h边一侧中部筋4Φ20

650

600

19.470～37.470
6～11层

● KZ1四角纵筋4Φ22
○ b边一侧中部筋5Φ22
○ h边一侧中部筋4Φ20

750

700

24Φ25

-0.030～19.470
1～6层

● KZ1四角纵筋4Φ28
○ b边一侧中部筋6Φ28
○ h边一侧中部筋6Φ28

750

700

28Φ25

-4.530～-0.030
-1～1层

● KZ1四角纵筋4Φ28
○ b边一侧中部筋6Φ28
○ h边一侧中部筋6Φ28

楼面

h_b

($\Delta/h_b \leq 1/6$)

注：
当$\Delta/h_b \leq 1/6$时，可将下柱
钢筋弯折与上柱连接。

图 2.11　KZ1 边柱形态及钢筋三维示意图

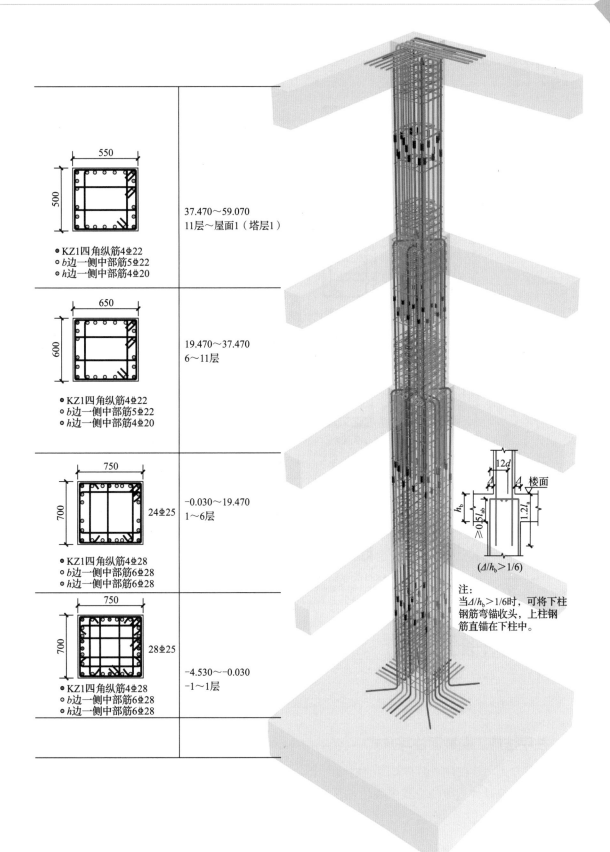

550

500

37.470~59.070
11层~屋面1（塔层1）

● KZ1四角纵筋4Φ22
○ b边一侧中部筋5Φ22
○ h边一侧中部筋4Φ20

650

600

19.470~37.470
6~11层

● KZ1四角纵筋4Φ22
○ b边一侧中部筋5Φ22
○ h边一侧中部筋4Φ20

750

700

24Φ25

-0.030~19.470
1~6层

● KZ1四角纵筋4Φ28
○ b边一侧中部筋6Φ28
○ h边一侧中部筋6Φ28

750

700

28Φ25

-4.530~-0.030
-1~1层

● KZ1四角纵筋4Φ28
○ b边一侧中部筋6Φ28
○ h边一侧中部筋6Φ28

12d

楼面

h_b

≥0.5l_{ab}

1.2l_{ab}

（Δ/h_b>1/6）

注：
当Δ/h_b>1/6时，可将下柱钢筋弯锚收头，上柱钢筋直锚在下柱中。

图 2.12　KZ1 角柱形态及钢筋三维示意图

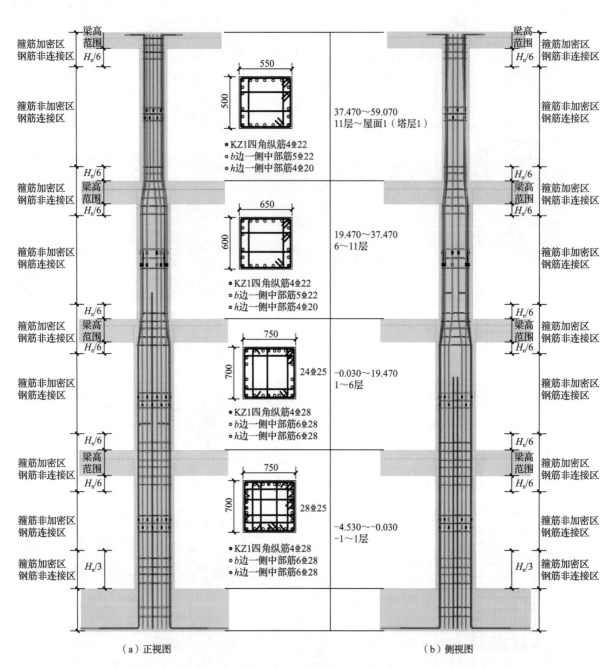

图 2.13　KZ1 正视图及侧视图

2.2.3　柱平法施工图截面注写方式

　　截面注写方式，是在柱平面布置图的柱截面上，分别在同一编号的柱中选择一个截面，以直接注写截面尺寸和配筋具体数值的方式来表达柱平法施工图。图 2.14 所示为柱平法施工图截面注写方式示例。

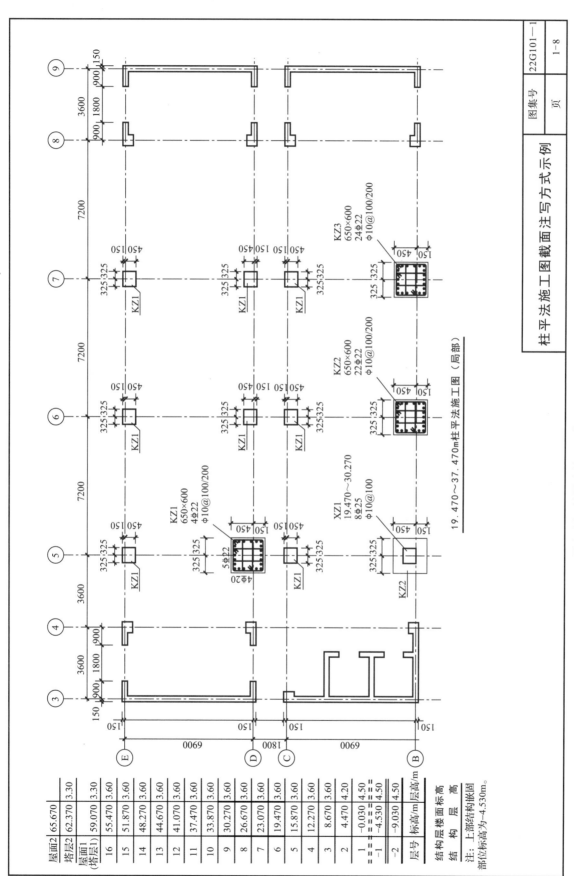

图2.14　柱平法施工图截面注写方式示例

1. 除芯柱外所有柱的表达

对除芯柱外的所有柱，编号方法与柱平法施工图列表注写方式相同。相同编号的柱中仅在一个截面上按另一种比例原位放大绘制柱截面配筋图，并在各配筋图上继其编号后注明截面尺寸 $b \times h$、角筋或全部纵筋（当纵筋采用一种直径且能够图示清楚时）、箍筋的具体数值（箍筋的表达方法与柱平法施工图列表注写方式相同），以及柱截面与轴线关系 b_1、b_2、h_1、h_2 的具体数值。

当纵筋采用两种直径时，还应注明截面各边中部筋的具体数值（对于采用对称配筋的矩形截面柱，可仅在一侧注明中部筋，对称边省略）。

2. 芯柱的表达

当在某些框架柱的一定高度范围内，在其内部的中心位置设置芯柱时，芯柱的编号与柱平法施工图列表注写方式相同，继其编号之后注明芯柱的起止标高、全部纵筋及箍筋的具体数值（箍筋的表达方法与柱平法施工图列表注写方式相同），芯柱截面尺寸按构造确定，并按标准构造详图施工，设计不注。芯柱定位随框架柱，不需要注明其与轴线的几何关系。

除了上述要求，在截面注写方式中，如柱的分段截面尺寸和配筋均相同，仅截面与轴线的关系不同，可将其编为同一柱号，但此时应在未画配筋的柱截面上注明该柱截面与轴线关系的具体数值。

📝 知识链接

柱截面的选择

选择柱的截面形式主要是根据工程性质和使用要求来确定，另外也要便于施工和制造、节约模板和保证结构的刚度。方形和矩形截面柱的模板用量最小，制作简便，使用广泛。方形截面柱适用于柱接近中心受压的情况；矩形截面柱是偏心受压柱截面的基本形式。单层厂房柱的弯矩较大，为了减轻自重、节约混凝土，同时满足强度和刚度要求，常采用薄壁工字形截面的预制柱。当厂房的吊车吨位较大，根据吊车定位尺寸，需要加大柱截面高度，为了节约和有效利用材料，此时可采用空腹格构式双肢柱。双肢柱可以是现浇的或预制的，腹杆可做成倾斜的或水平的。

✍️ 拓展讨论

20世纪80年代，工程师陈青来在实际工作中感觉到传统的设计方法效率低，而且设计质量难以控制。在总结了实际工作中经验和出国学习考察的成果后，一种新型标准化的施工图设计思路在他脑海中成形。1991年10月，陈青来首次将建筑结构施工图平面整体设计方法运用于济宁工商银行营业楼项目。党的二十大报告指出，必须坚持科技是第一生产力、人才是第一资源、创新是第一动力。陈青来发明平法的事迹很好地体现了这一思想。请查阅相关资料，并讨论还有哪些科技、人才或创新深刻地影响了建筑行业？

本章小结

钢筋混凝土柱是建筑工程中常见的受压构件，其平法施工图有列表注写和截面注写两种表示方法。在对柱平法施工图进行识读时，主要识读柱编号、柱段起止标高、柱截面尺寸、柱纵筋和柱箍筋等信息。通过学习本章内容，我们能够掌握柱平法施工图的识图方法，并能对识图案例进行识读。

习 题

结合 22G101—1 图集，完成以下习题。

单选题

1. 在基础内的第一根柱箍筋到基础顶面的距离为（ ）。

    A．50mm   B．100mm

    C．$3d$（d 为箍筋直径）   D．$5d$（d 为箍筋直径）

2. 抗震中柱顶层节点构造，能直锚时，直锚长度为（ ）。

    A．$12d$ B．l_{aE}

    C．伸至柱顶   D．伸至柱顶，l_{aE}

3. 柱箍筋加密区的范围包括（ ）。

    A．有地下室框架结构地下室顶板嵌固部位向上 $H_n/6$

    B．底层刚性地面向上 500mm

    C．无地下室框架结构基础顶面嵌固部位向上 $H_n/3$

    D．搭接范围

4. 某框架三层柱截面尺寸为 300mm×600mm，柱净高为 3.6m，该柱在楼面处的箍筋加密区高度应为（ ）。

    A．400mm   B．500mm

    C．600mm   D．700mm

5. 上层柱和下层柱纵筋根数相同，当上层柱配置的钢筋直径比下层柱钢筋直径大时，柱的纵筋搭接区域应在（ ）。

    A．上层柱处   B．柱和梁相交处

    C．下层柱处   D．不受限制

6. 抗震框架边柱顶部的外侧钢筋采用全部锚入顶层梁板中的连接方式时，该外侧钢筋自底部起锚入顶层梁板中的长度应不少于（ ）。

    A．l_{aE} B．$0.4l_{aE}$

    C．$1.5l_{aE}$ D．$2l_{aE}$

7. 下列关于柱平法施工图制图规则的论述中，错误的是（　　　）。

   A．柱平法施工图是在柱平面布置图上采用列表注写方式或截面注写方式表达

   B．柱平法施工图中应按规定注明各结构层的楼面标高、结构层高及相应的结构层号

   C．注写各段柱的起止标高，自柱根部往上以变截面位置为界分段注写，截面未变但配筋改变处无须分界

   D．柱编号由类型代号和序号组成

8. 墙上起柱时，柱纵筋从墙顶向下插入墙内长度为（　　　）。

   A．1.6l_{aE} B．1.5l_{aE}

   C．1.2l_{aE} D．0.5l_{aE}

9. 梁上起柱时，柱纵筋从梁顶向下插入梁内长度不得小于（　　　）。

   A．1.6l_{aE} B．1.5l_{aE}

   C．1.2l_{aE} D．0.5l_{aE}

10. 当柱变截面需要设置插筋时，插筋应该从变截面处节点顶向下插入的长度为（　　　）。

   A．1.6l_{aE} B．1.5l_{aE}

   C．1.2l_{aE} D．0.5l_{aE}

在线答题

剪力墙平法识图

 思维导图

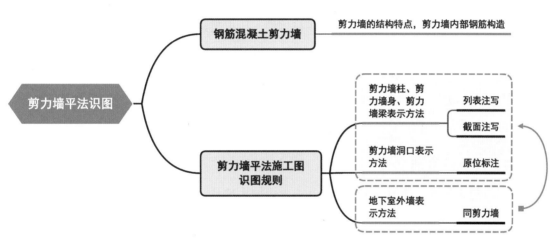

3.1 认识钢筋混凝土剪力墙

剪力墙是指建（构）筑物中主要承受由风荷载或地震作用引起的水平荷载的钢筋混凝土墙体，可防止结构受剪切破坏，又称抗风墙或抗震墙。

剪力墙是建筑物的承重墙，同时也是围护墙和分隔墙，其常作为抗侧力构件用于高层建筑。剪力墙结构的楼盖结构一般采用钢筋混凝土平板，可不设梁，因此可节约层高。

3.1.1 剪力墙的结构特点

（1）剪力墙是建筑物中的竖向承重构件，既承担水平构件传来的竖向荷载，又承担风荷载或地震作用传来的水平荷载。

（2）剪力墙是建筑物的围护墙和分隔墙，其布置必须同时满足建筑平面布置和结构布置的要求。

（3）剪力墙结构体系有很好的承载能力和空间整体性，比框架结构有更好的抗侧移能力，可建造较高的建筑物。

（4）剪力墙结构的优点是侧向刚度大，在水平荷载作用下的侧移小；其缺点是剪力墙的间距有一定限制，建筑平面布置不灵活，不适合要求大空间的公共建筑，另外剪力墙的结构自重也较大。

（5）剪力墙结构一般适用于住宅、公寓和旅馆等小跨度建筑。

3.1.2 剪力墙内部钢筋构造

剪力墙外表面看起来就是一堵混凝土墙，但其内部由剪力墙柱、剪力墙梁、剪力墙身、剪力墙洞口等部分构成，如图3.1所示。

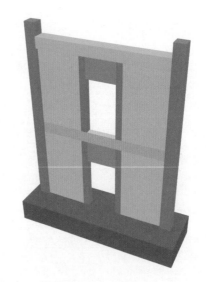

● 剪力墙柱：约束边缘构件、
　构造边缘构件、暗柱
● 剪力墙梁：连梁
● 剪力墙梁：边框梁
○ 剪力墙梁：暗梁
○ 剪力墙身

图3.1　剪力墙的构成

剪力墙内部钢筋构造施工图表达及三维示意图分别如图3.2和图3.3所示。

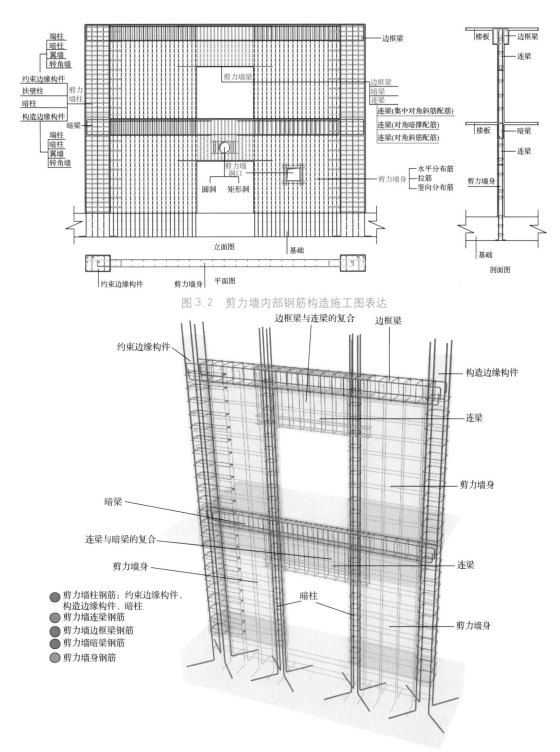

图 3.2　剪力墙内部钢筋构造施工图表达

图 3.3　剪力墙内部钢筋构造三维示意图

3.2 剪力墙平法施工图识图规则

3.2.1 剪力墙平法施工图的表示方法

剪力墙平法施工图是在剪力墙平面布置图上采用列表注写方式或截面注写方式表达，分别如图 3.4 和图 3.5 所示。

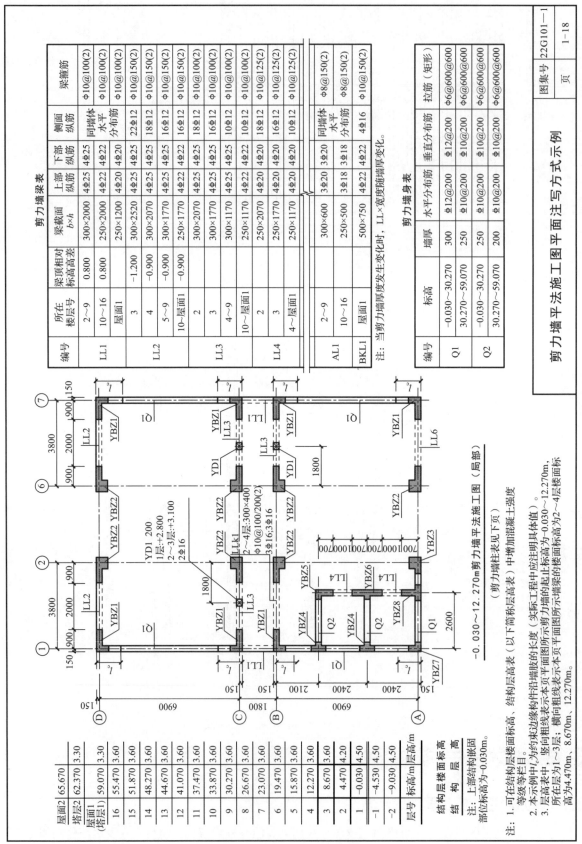

剪力墙梁表

编号	所在楼层号	梁顶相对标高高差	梁截面 b×h	上部纵筋	下部纵筋	侧面纵筋	梁箍筋
LL1	2~9	0.800	300×2000	4Φ25	4Φ25	22Φ12	Φ10@100(2)
	10~16	0.800	250×2000	4Φ22	4Φ22	18Φ12	Φ10@100(2)
	屋面1		250×1200	4Φ20	4Φ20	16Φ12	Φ10@100(2)
LL2	3	-1.200	300×2520	4Φ25	4Φ25	18Φ12	Φ10@150(2)
	4	-0.900	300×2070	4Φ25	4Φ25	16Φ12	Φ10@150(2)
	5~9	-0.900	300×1770	4Φ25	4Φ25	16Φ12	Φ10@150(2)
	10~屋面1	-0.900	250×1770	4Φ22	4Φ22	18Φ12	Φ10@150(2)
LL3	2		300×2070	4Φ25	4Φ25	16Φ12	Φ10@100(2)
	3		300×1770	4Φ25	4Φ25	16Φ12	Φ10@100(2)
	4~9		300×1170	4Φ25	4Φ25	10Φ12	Φ10@100(2)
	10~屋面1		250×1170	4Φ22	4Φ22	10Φ12	Φ10@125(2)
LL4	2		250×2070	4Φ20	4Φ20	18Φ12	Φ10@125(2)
	3		250×1770	4Φ22	4Φ22	16Φ12	Φ10@125(2)
	4~屋面1		250×1170	4Φ20	4Φ20	4Φ16	Φ10@150(2)
AL1	2~9		300×600	3Φ20	3Φ20	同墙体水平分布筋	Φ8@150(2)
	10~16		250×500	3Φ18	3Φ18	同墙体水平分布筋	Φ8@150(2)
BKL1	屋面1		500×750	4Φ22	4Φ22	4Φ16	Φ10@150(2)

注：当剪力墙厚度发生变化时，LL×宽随墙厚变化。

剪力墙身表

编号	标高	墙厚	水平分布筋	垂直分布筋	拉筋（矩形）
Q1	-0.030~30.270	300	Φ12@200	Φ12@200	Φ6@600@600
	30.270~59.070	250	Φ10@200	Φ10@200	Φ6@600@600
Q2	-0.030~30.270	250	Φ10@200	Φ10@200	Φ6@600@600
	30.270~59.070	200	Φ10@200	Φ10@200	Φ6@600@600

剪力墙平法施工图列表注写方式示例

图集号	22G101—1
页	1-18

−0.030~12.270m 剪力墙平法施工图（局部）

（剪力墙柱表见下页）

结构层楼面标高 结构层高

层号	标高/m	层高/m
屋面2（塔层2）	65.670	
塔层2	62.370	3.30
屋面1（塔层1）	59.070	3.30
16	55.470	3.60
15	51.870	3.60
14	48.270	3.60
13	44.670	3.60
12	41.070	3.60
11	37.470	3.60
10	33.870	3.60
9	30.270	3.60
8	26.670	3.60
7	23.070	3.60
6	19.470	3.60
5	15.870	3.60
4	12.270	3.60
3	8.670	3.60
2	4.470	4.20
1	-0.030	4.50
-1	-4.530	4.50
-2	-9.030	4.50

结构层楼面标高 结构层高

注：上部结构嵌固部位标高-0.030m。

注：1. 可在结构层楼面标高、结构层高表（以下简称层高表）中增加混凝土强度等级等栏目。
2. 本示例中 l, 为约束边缘构件沿墙肢的长度（实际工程中应注明具体值）。
3. 本示例中，竖向粗线表示本页平面图所示剪力墙的起止标高为-0.030~12.270m，横向粗线表示本页平面图所示连梁的楼面标高为2~4层楼面标高。所在层号为1~3层，层高表中所在楼层高为4.470m，8.670m，12.270m。

图 3.4 剪力墙平法施工图列表注写方式示例

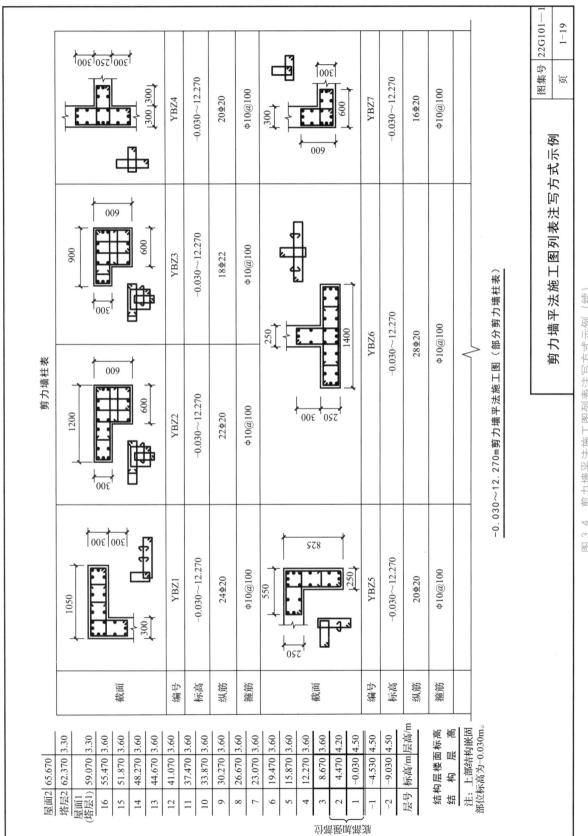

图 3.4 剪力墙平法施工图列表注写方式示例（续）

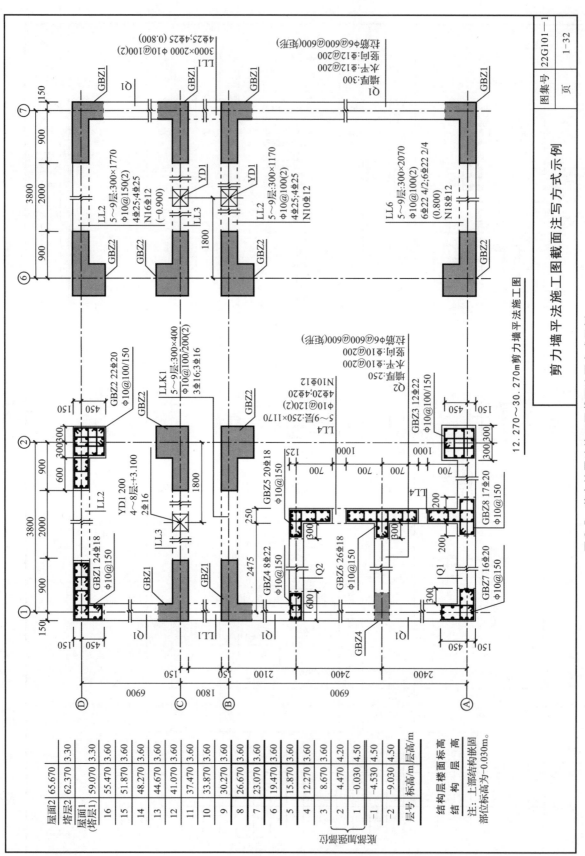

图 3.5　剪力墙平法施工图截面注写方式示例

识读剪力墙平法施工图，首先要掌握两种注写方式及其所表达的内容，从而能读懂各结构层的楼面标高、结构层高和相应的结构层号，以及上部结构嵌固部位位置。对于图中未居轴线中对齐的剪力墙（包括端柱），还应理解其与定位轴线之间的关系。

为表达清楚、简便，剪力墙可视为由剪力墙柱、剪力墙身和剪力墙梁（简称墙柱、墙身、墙梁）三类构件构成。

3.2.2 剪力墙平法施工图列表注写方式

1. 列表注写方式说明

列表注写方式，即分别在剪力墙柱表、剪力墙身表和剪力墙梁表中，对应于剪力墙平面布置图上的编号，用绘制截面配筋图并注写几何尺寸与配筋具体数值的方式，来表达剪力墙平法施工图。

列表注写方式将剪力墙按墙柱、墙身、墙梁三类构件分别编号并表达。

2. 墙柱编号及剪力墙柱表

1）墙柱类型和编号

墙柱编号由墙柱类型代号和序号组成，表达形式应符合表 3-1 的规定。

表 3-1　墙柱编号

墙柱类型	类型代号	序　号
构造边缘构件	GBZ	××
约束边缘构件	YBZ	××
非边缘暗柱	AZ	××
扶壁柱	FBZ	××

（1）构造边缘构件包括构造边缘暗柱、构造边缘端柱、构造边缘翼墙、构造边缘转角墙四种类型，分别如图 3.6 ～图 3.9 所示。

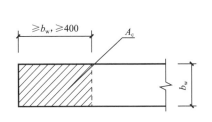

（a）构造边缘暗柱施工图表达

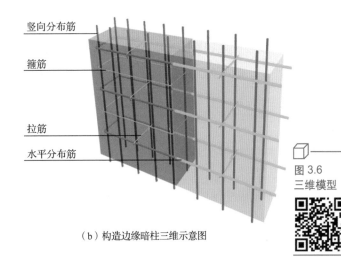

（b）构造边缘暗柱三维示意图

图 3.6　构造边缘暗柱

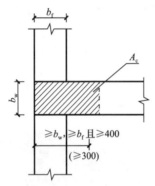

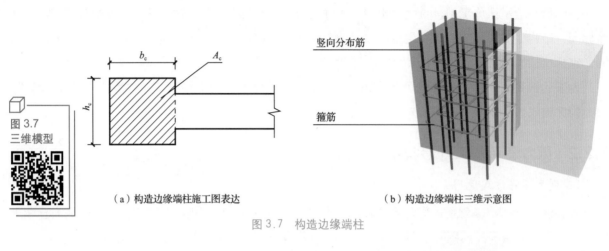

（a）构造边缘端柱施工图表达　　　　　　　（b）构造边缘端柱三维示意图

图 3.7　构造边缘端柱

（a）构造边缘翼墙施工图表达　　　　　　　（b）构造边缘翼墙三维示意图

图 3.8　构造边缘翼墙

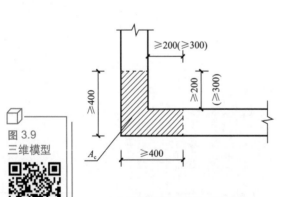

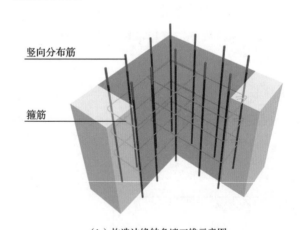

（a）构造边缘转角墙施工图表达　　　　　　　（b）构造边缘转角墙三维示意图

图 3.9　构造边缘转角墙

（2）约束边缘构件包括约束边缘暗柱、约束边缘端柱、约束边缘翼墙、约束边缘转角墙四种类型，分别如图 3.10～图 3.13 所示。

约束边缘构件与构造边缘构件的主要区别在于，约束边缘构件的部分箍筋深入墙身，与墙身钢筋拉结，从而增加了对墙身的约束能力，提高了建筑稳定性和抗震能力。

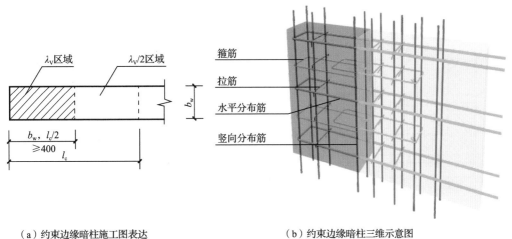

图 3.10
三维模型

（a）约束边缘暗柱施工图表达　　　　（b）约束边缘暗柱三维示意图

图 3.10　约束边缘暗柱

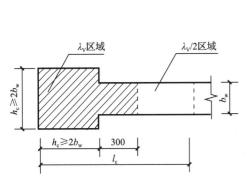

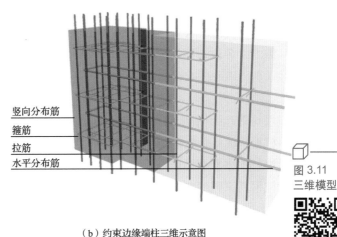

图 3.11
三维模型

（a）约束边缘端柱施工图表达　　　　（b）约束边缘端柱三维示意图

图 3.11　约束边缘端柱

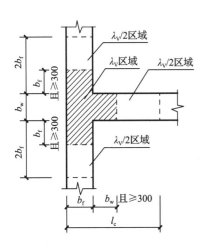

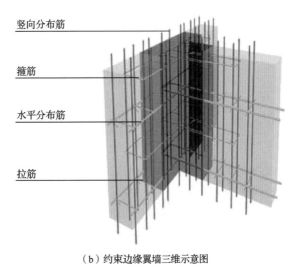

图 3.12
三维模型

（a）约束边缘翼墙施工图表达　　　　（b）约束边缘翼墙三维示意图

图 3.12　约束边缘翼墙

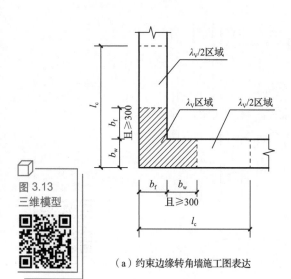

（a）约束边缘转角墙施工图表达

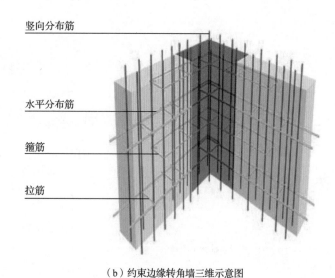

（b）约束边缘转角墙三维示意图

图 3.13　约束边缘转角墙

2）剪力墙柱表

（1）墙柱编号，各段墙柱的截面配筋图和墙柱几何尺寸。构造边缘构件和约束边缘构件注明的是阴影部分尺寸（剪力墙平面布置图中还注明了约束边缘构件沿墙肢长度 l_c），非边缘暗柱和扶壁柱注明的是几何尺寸。

（2）各段墙柱的起止标高。起止标高自墙柱根部往上以变截面位置或截面未变但配筋改变处为界分段注写。墙柱根部标高一般指基础顶面标高（部分框支剪力墙结构则为框支梁顶面标高）。

（3）各段墙柱的纵筋和箍筋。表中注写值应与在表中绘制的截面配筋图对应一致，纵筋注明的是总配筋值，墙柱箍筋注明的内容与柱箍筋相同。

3．墙身编号及剪力墙身表

1）墙身编号

墙身编号由墙身代号（Q）、墙身序号及墙身所配置的水平与竖向分布筋的排数组成，其中排数注写在括号内，表达形式如图 3.14 所示。

图 3.14　墙身编号

对墙身编号的说明如下。

（1）当若干墙身的截面尺寸和配筋均相同，仅截面与轴线的关系不同时，可为同一墙身编号；当若干墙身的厚度尺寸和配筋均相同，仅厚度与轴线的关系不同或墙身长度不同时，也可为同一墙身编号。以上两种情况在图中注明了与轴线的几何关系。

（2）当墙身里所设的水平与竖向分布筋的排数为 2 时，可不注钢筋排数。

（3）当墙身厚度不大于 400mm 时，分布钢筋网一般为双排；当墙身厚度大于 400mm，但不大于 700mm 时，分布钢筋网一般为三排；当墙身厚度大于 700mm 时，分布钢筋网一般为四排。

（4）墙身内配置的分布筋多于两排，表示墙身拉筋除两端应同时勾住外排水平与竖向纵筋外，还应和墙身内排水平与竖向纵筋绑扎在一起。

【案例解析3-1】

Q1(3)，表示1号剪力墙身内设置3排钢筋。

2）剪力墙身表

（1）墙身编号（含水平与竖向分布筋的排数）。

（2）各段墙身起止标高。起止标高自墙身根部往上以变截面位置或截面未变但配筋改变处为界分段注写。墙身根部标高一般指基础顶面标高（部分框支剪力墙结构则为框支梁顶面标高）。

（3）水平分布筋、竖向分布筋和拉筋的具体数值。注写值为一排水平分布筋和竖向分布筋的规格与间距，具体设置几排已在墙身编号中表达。当内外排竖向分布筋配筋不一致时，注写值为内外排钢筋的具体数值。拉筋还应注明布置方式为矩形还是梅花形，用于剪力墙分布筋的拉结，如图3.15和图3.16所示（图中 a 为竖向分布筋间距，b 为水平分布筋间距）。

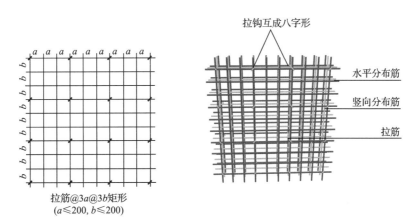

拉筋@$3a$@$3b$矩形
（$a\leqslant200$，$b\leqslant200$）

（a）剪力墙身拉筋矩形布置施工图表达　　（b）剪力墙身拉筋矩形布置三维示意图

图3.15　剪力墙身拉筋矩形布置

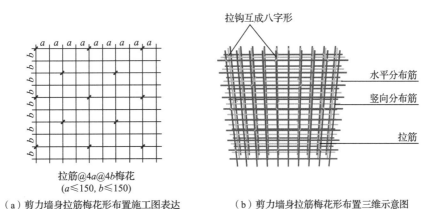

拉筋@$4a$@$4b$梅花
（$a\leqslant150$，$b\leqslant150$）

（a）剪力墙身拉筋梅花形布置施工图表达　　（b）剪力墙身拉筋梅花形布置三维示意图

图3.16　剪力墙身拉筋梅花形布置

4．墙梁编号及剪力墙梁表

墙梁主要用于提高墙身在水平方向上的承载力，约束墙身受力后的变形，提高剪力墙抗震性能等。

1）墙梁类型和编号

墙梁编号由墙梁类型代号和序号组成，表达形式应符合表3-2的规定。

表 3-2　墙梁编号

墙梁类型	类型代号	序　号
连梁	LL	××
连梁（跨高比不小于 5）	LLk	××
连梁（对角暗撑配筋）	LL（JC）	××
连梁（交叉斜筋配筋）	LL（JX）	××
连梁（集中对角斜筋配筋）	LL（DX）	××
暗梁	AL	××
边框梁	BKL	××

　　如表 3-2 所示，墙梁包括连梁（默认为普通连梁）、跨高比不小于 5 的连梁（也称框架式连梁）、带对角暗撑配筋的连梁、带交叉斜筋配筋的连梁、带集中对角斜筋配筋的连梁、暗梁和边框梁。

　　（1）连梁是因设计构造需要，在墙身上预留门窗洞口后，墙身整体性遭到破坏，洞口上部部分墙身因连接剪力墙左右墙肢而形成的。连梁如图 3.17 和图 3.18 所示。

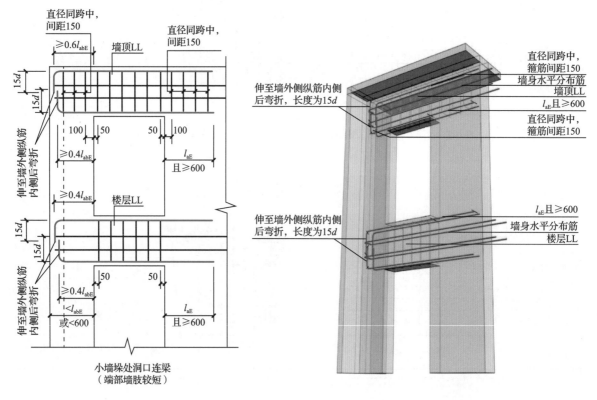

（a）小墙垛处洞口连梁施工图表达　　　　　（b）小墙垛处洞口连梁三维示意图

图 3.17　小墙垛处洞口连梁

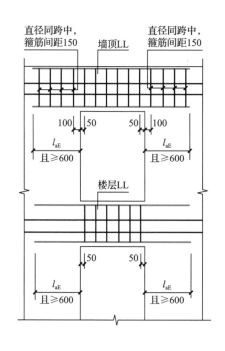

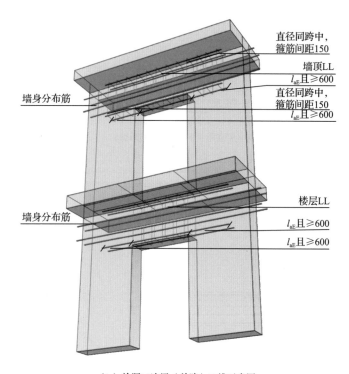

（a）单洞口连梁（单跨）施工图表达　　　　　　（b）单洞口连梁（单跨）三维示意图

图 3.18　单洞口连梁（单跨）

　　（2）框架式连梁如图 3.19 所示。在以上连梁中，框架式连梁较为特殊，为跨高比不小于 5 的连梁，按框架梁设计。它与其他连梁的主要区别在与设计上采用了与框架梁相似的钢筋构造，在支座处即剪力墙肢或墙柱设计了多排抵抗负弯矩的支座非贯通筋、箍筋加密区与非加密区。框架式连梁主要用于剪力墙洞口跨度较大、连梁弯矩较大的情况。

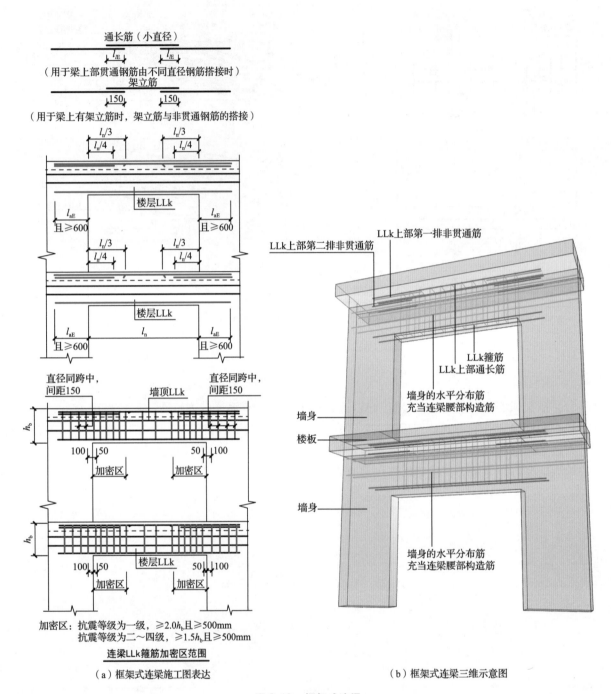

图 3.19　框架式连梁

（3）带对角暗撑配筋的连梁、带交叉斜筋配筋的连梁、带集中对角斜筋配筋的连梁分别如图 3.20 ～图 3.22 所示。

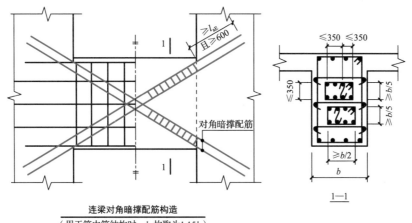

连梁对角暗撑配筋构造
（用于筒中筒结构时，l_{aE}均为取为$1.15l_a$）

（a）带对角暗撑配筋的连梁施工图表达

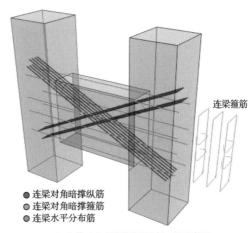

● 连梁对角暗撑纵筋
● 连梁对角暗撑箍筋
● 连梁水平分布筋

（b）带对角暗撑配筋的连梁三维示意图

图 3.20　带对角暗撑配筋的连梁

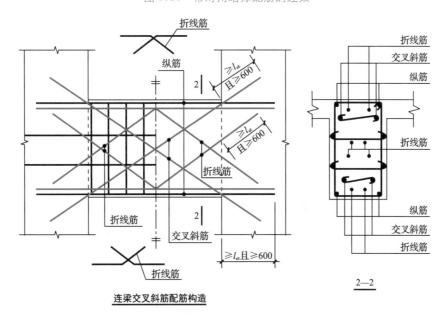

连梁交叉斜筋配筋构造

（a）带交叉斜筋配筋的连梁施工图表达

图 3.21　带交叉斜筋配筋的连梁

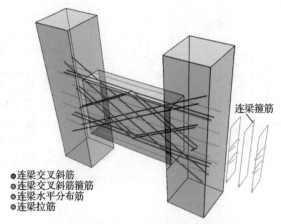

（b）带交叉斜筋配筋的连梁三维示意图

图 3.21　带交叉斜筋配筋的连梁（续）

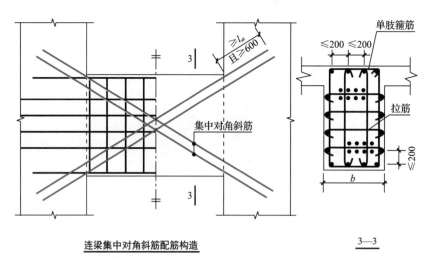

连梁集中对角斜筋配筋构造　　　　　　3—3

（a）带集中对角斜筋配筋的连梁施工图表达

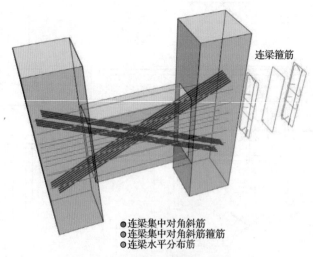

（b）带集中对角斜筋配筋的连梁三维示意图

图 3.22　带集中对角斜筋配筋的连梁

（4）暗梁是设置在墙身内部、剪力墙洞口上部、墙身顶部等水平方向受力较大部位的梁形钢筋笼。其主要作用是加强以上部位的整体性，提高抗震能力，约束剪力墙身水平方向的变形等，通常与连梁复合设计。剪力墙暗梁与连梁复合配筋构造如图 3.23 所示。

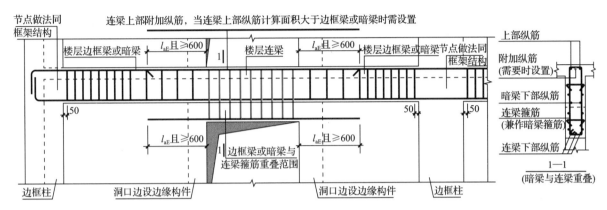

（a）剪力墙暗梁与连梁复合配筋构造施工图表达

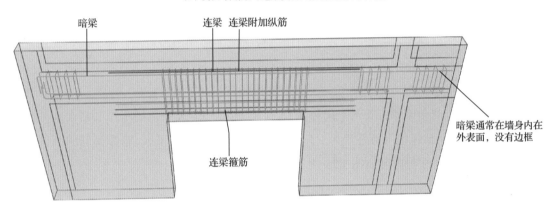

（b）剪力墙暗梁与连梁复合配筋构造三维示意图

图 3.23　剪力墙暗梁与连梁复合配筋构造

（5）边框梁是在墙身顶部洞口处，当洞口跨度大、荷载集中，连梁弯矩、扭矩大时，将墙身顶部的暗梁设计为凸出于墙身的边框梁，增大构件的截面尺寸和配筋，提高构件的刚度、强度、承载力和抗震能力的构造做法。剪力墙边框梁与连梁复合配筋构造如图 3.24 所示。

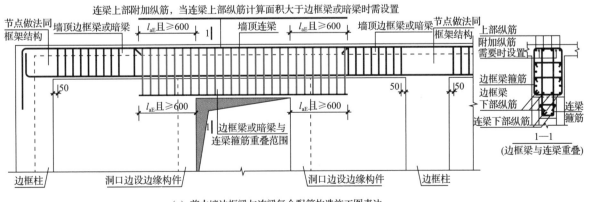

（a）剪力墙边框梁与连梁复合配筋构造施工图表达

图 3.24　剪力墙边框梁与连梁复合配筋构造

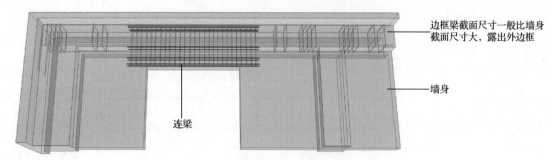

（b）剪力墙边框梁与连梁复合配筋构造三维示意图

图 3.24　剪力墙边框梁与连梁复合配筋构造（续）

2）剪力墙梁表中表达的内容

（1）墙梁编号。

（2）墙梁所在楼层号。

（3）墙梁顶面标高高差。即相对于墙梁所在结构层楼面标高的高差值，高于者为正值，低于者为负值，当无高差时不注。

（4）墙梁截面尺寸 $b×h$，上部纵筋、下部纵筋和箍筋的具体数值。

（5）当连梁设有对角暗撑配筋时 [代号为 LL（JC）××]，表中包括暗撑的截面尺寸（箍筋外皮尺寸）、一根暗撑的全部纵筋（标注"×2"表明有两根暗撑相互交叉）、暗撑箍筋的具体数值。连梁设对角暗撑配筋的列表注写内容如图 3.25 所示。

连梁设对角暗撑配筋表

编号	所在楼层号	梁顶相对标高高差	梁截面 $b×h$	上部纵筋	下部纵筋	侧面纵筋	墙梁箍筋	对角暗撑		
								截面尺寸	纵筋	箍筋

图 3.25　连梁设对角暗撑配筋表

（6）当连梁设有交叉斜筋配筋时 [代号为 LL（JX）××]，表中包括连梁一侧交叉斜筋的配筋值（标注"×2"表明对称设置），交叉斜筋在连梁端部设置的拉筋根数、强度级别及直径（标注"×4"表示四个角都设置），连梁一侧折线筋配筋值（标注"×2"表明对称设置）。连梁设交叉斜筋配筋的列表注写内容如图 3.26 所示。

连梁设交叉斜筋配筋表

编号	所在楼层号	梁顶相对标高高差	梁截面 $b×h$	上部纵筋	下部纵筋	侧面纵筋	墙梁箍筋	交叉斜筋		
								对角斜筋	拉筋	折线筋

图 3.26　连梁设交叉斜筋配筋表

（7）当连梁设有集中对角斜筋配筋时 [代号为 LL（DX）××]，表中包括一条对角线上的对角斜筋（标注"×2"表明对称设置）。连梁设集中对角斜筋配筋的列表注写内容如图 3.27 所示。

连梁设集中对角斜筋配筋表

编号	所在楼层号	梁顶相对标高高差	梁截面 $b \times h$	上部纵筋	下部纵筋	侧面纵筋	墙梁箍筋	集中对角斜筋

图 3.27　连梁设集中对角斜筋配筋表

（8）框架式连梁（代号为 LLk××）采用平面注写方式，识图规则同框架梁，可采用适当比例单独成图或与剪力墙平法施工图合并。

（9）当设置双连梁、多连梁时，应分别表达在剪力墙平法施工图上。墙梁侧面纵筋，当墙身水平分布筋满足连梁和暗梁侧面纵向构造筋的要求时，该筋配置同墙身水平分布筋，表中不注，施工按标准构造详图的要求即可。当墙身水平分布筋不满足连梁侧面纵向构造筋的要求时，表中为补充的梁侧面纵筋的具体数值，纵筋沿梁高方向均匀布置；当采用平面注写方式时，梁侧面纵筋以大写字母"N"打头。梁侧面纵筋在支座内的锚固同连梁中的受力筋。图 3.28 所示为剪力墙中连梁腰部抗扭纵筋三维示意图。

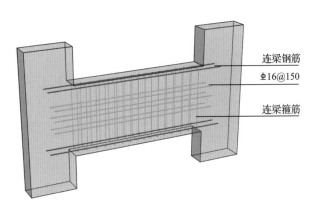

连梁钢筋
$\underline{\Phi}16@150$
连梁箍筋

图 3.28　剪力墙中连梁腰部抗扭纵筋三维示意图

【案例解析 3-2】

N6$\underline{\Phi}$12，表示连梁两个侧面共配置 6 根直径为 12mm 的纵向构造筋，采用 HRB400 钢筋，每侧各配置 3 根。

5．剪力墙平法施工图列表注写方式识图案例

识读图 3.4 所示剪力墙平法施工图列表注写方式示例，图中①、②轴与ⓒ、ⓓ轴围成区域的识图结果如图 3.29 所示。

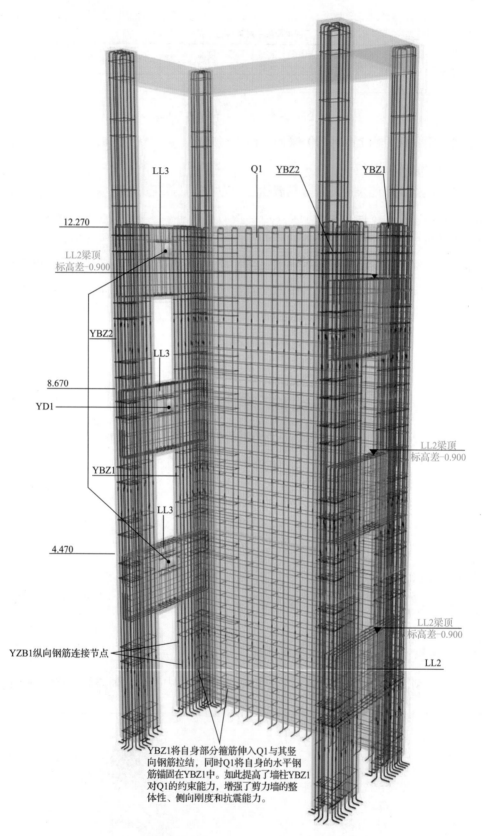

图 3.29　剪力墙平法施工图列表注写方式（局部）识图案例

注：连梁顶标高差是指连梁顶部标高与连梁所在楼层标高之间的差值。当连梁顶标高高于楼层标高时为正值，当连梁顶标高低于楼层标高时为负值。

3.2.3　剪力墙平法施工图截面注写方式

1. 截面注写方式说明

剪力墙平法施工图截面注写方式，即在按标注层绘制的剪力墙平面布置图上，以直接在墙柱、墙身、墙梁上注写截面尺寸和配筋具体数值的方式，来表达剪力墙平法施工图。

2. 截面注写方式表达的内容

截面注写规则是选用适当比例原位放大绘制剪力墙平面布置图，其中对墙柱还应绘制截面配筋图，对所有墙柱、墙身、墙梁分别按与列表注写方式相同的方法进行编号，并分别在相同编号的墙柱、墙身、墙梁中选择一根墙柱、一道墙身、一根墙梁进行注写。截面注写方式表达的内容具体如下。

（1）相同编号的墙柱中的一个截面上，原位绘制有墙柱截面配筋图，注有几何尺寸，各配筋图上继其编号后注有全部纵筋及箍筋的具体数值（箍筋的表达方式与列表注写方式相同）。

需要特别说明的是：①约束边缘构件除注明阴影部分具体尺寸外，还注有约束边缘构件沿墙肢长度 l_c；②配筋图中，约束边缘构件非阴影区内布置的拉筋或钢筋直径与阴影区箍筋直径相同时，可不注。

（2）相同编号的墙身中的一道墙身上，按顺序引注的内容为：墙身编号（包括注写在括号内墙身所配置的水平与竖向分布筋的排数），墙厚，水平、竖向分布筋和拉筋的具体数值。

（3）相同编号的墙梁中的一根墙梁上，按顺序引注的内容如下。

① 墙梁编号，墙梁所在层及截面尺寸 $b \times h$，墙梁箍筋、上部纵筋、下部纵筋的具体数值，墙梁顶面标高高差的具体数值。其中，墙梁顶面标高高差的表达方式与列表注写方式相同。

【案例解析 3-3】

LL1

5 层 :500×1200

Φ10@100(4)

2Φ25;2Φ25

N18Φ14

表示 1 号连梁，所在楼层为 5 层；连梁宽为 500mm，高为 1200mm；箍筋为 Φ10@100(4)；上部纵筋为 2Φ25，下部纵筋为 2Φ25；连梁两侧为 18Φ14 抗扭纵筋；梁顶标高相对于 5 层楼面标高无高差。

② 当连梁设有对角暗撑 [代号为 LL（JC）××] 时，表达方式与列表注写方式相同。

【案例解析 3-4】

LL(JC)1

5 层 :500×1800

Φ10@100(4)

4Φ25;4Φ25

N18Φ14

JC300×300

8Φ22(×2)

Φ10@200(3)

表示 1 号设对角暗撑连梁，所在楼层为 5 层；连梁宽为 500mm，高为 1800mm；箍筋为 Φ10@100(4)；上部纵筋为 4Φ25，下部纵筋为 4Φ25；连梁两侧为 18Φ14 抗扭纵筋；梁顶标高相对于 5 层楼面标高无高差；连梁设有两根相互交叉的暗撑，暗撑截面（箍筋外皮尺寸）宽为 300mm，高为 300mm；每根暗撑纵筋为 8Φ22，上、下排各 4 根；箍筋为 Φ10@200(3)。

③ 当连梁设有交叉斜筋 [代号为 LL（JX）××] 时，表达方式与列表注写方式相同。

【案例解析 3-5】

LL(JX)2

6 层 :300×800

φ10@100(4)

4⊈18;4⊈18

N6⊈14(+0.100)

JX2⊈22(×2) 3⊈10(×4)

表示 2 号设交叉斜筋连梁，所在楼层为 6 层；连梁宽为 300mm，高为 800mm；箍筋为 φ10@100(4)；上部纵筋为 4⊈18，下部纵筋为 4⊈18；连梁两侧为 6⊈14 抗扭纵筋；梁顶高于 6 层楼面标高 0.100m；连梁对称设置交叉斜筋，每侧配筋 2⊈22；交叉斜筋在连梁端部设置拉筋 3⊈10，四个角都设置。

④ 当连梁设有集中对角斜筋 [代号为 LL（DX）××] 时，表达方式与列表注写方式相同。

【案例解析 3-6】

LL (DX)3

6 层 :400×1000

φ10@100(4)

4⊈20;4⊈20

N8⊈14

DX8⊈20(×2)

表示 3 号设集中对角斜筋连梁，所在楼层为 6 层；连梁宽为 400mm，高为 1000mm；箍筋为 φ10@100(4)；上部纵筋为 4⊈20，下部纵筋为 4⊈20；连梁两侧为 8⊈14 抗扭纵筋；连梁对称设置集中对角斜筋，每侧斜筋配筋 8⊈20，上、下排各 4⊈20。

⑤ 跨高比不小于 5 的连梁，按框架梁（代号为 LLk××）设计时，表达方式与列表注写方式相同。

当墙身水平分布筋不能满足连梁的侧面纵向构造筋的要求时，应补充注明梁侧面纵筋的具体数值。表达方式为，以大写字母 "N" 打头，接续注写梁侧面纵筋的总根数与直径。梁侧面纵筋在支座内的锚固要求与连梁中受力筋相同。

3. 剪力墙平法施工图截面注写方式识图案例

识读图 3.5 所示剪力墙平法施工图截面注写方式示例，请尝试对图中注写截面的构件进行识读。

3.2.4 剪力墙洞口的表示方法

无论采用列表注写方式还是截面注写方式，剪力墙上的洞口均通过在剪力墙平面布置图上原位标注表示。

洞口的具体表示方法如下。

（1）在剪力墙平面布置图上绘制洞口示意，并标有洞口中心的平面定位尺寸。

（2）在洞口中心位置引注：洞口编号、洞口几何尺寸、洞口所在层及洞口中心相对标高、洞口每边补强筋，共四项内容。具体表达的内容如下。

① 洞口编号：矩形洞口编号为 JD××，圆形洞口编号为 YD××。

② 洞口几何尺寸：矩形洞口为洞宽 × 洞高（$b×h$），圆形洞口为洞口直径 D。

③ 洞口所在层及洞口中心相对标高：是指相对于本结构层楼（地）面标高的洞口中心高度，应为

正值。

④ 洞口每边补强筋，分以下几种不同情况。

a. 当矩形洞口的洞宽、洞高均不大于800mm时，此项注写为洞口每边补强筋的具体数值。当洞宽、洞高方向补强筋不一致时，沿洞宽方向、沿洞高方向补强筋分别注写以"/"分隔。

【案例解析3-7】

JD2　400×300

2～5层 :+1.000

3Φ14

表示2～5层设置2号矩形洞口，洞宽为400mm，洞高为300mm，洞口中心距结构层楼面1000mm，洞口每边补强筋为3Φ14，如图3.30所示。

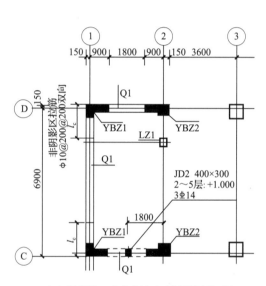 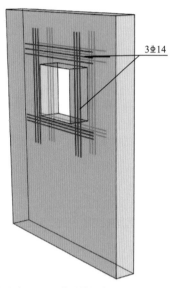

（a）矩形洞口1在剪力墙平面布置图中的引注　　　（b）矩形洞口1补强筋构造三维示意图

图3.30　矩形洞口1补强筋构造

【案例解析3-8】

JD4　800×300

6层 :+2.500

3Φ18/3Φ14

表示6层设置4号矩形洞口，洞宽为800mm，洞高为300mm，洞口中心距6层楼面2500mm，沿洞宽方向每边补强筋为3Φ18，沿洞高方向每边补强筋为3Φ14，如图3.31所示。

b. 当矩形或圆形洞口的洞宽或直径大于800mm时，在洞口的上、下需设置补强暗梁，此项注写为洞口上、下每边暗梁的纵筋与箍筋的具体数值（在22G101—1标准构造详图中，补强暗梁梁高一律定为400mm，施工时按标准构造详图取值。当设计人员采用与该构造详图不同的做法时，会另行注明），圆形洞口还会注明环向补强筋的具体数值；当洞口上、下边为剪力墙连梁时，此项免注；当洞口竖向两侧设置边缘构件时，也无须在此项注写（当洞口竖向两侧不设置边缘构件时，设计人员会给出具体做法）。

【案例解析3-9】

JD5　1000×900

3层 :+1.400

6Φ20

Φ8@150(2)

表示 3 层设置 5 号矩形洞口，洞宽为 1000mm，洞高为 900mm，洞口中心距 3 层楼面 1400mm；洞口上、下设补强暗梁，暗梁纵筋为 6Φ20，上、下排对称布置；箍筋为 Φ8@150 双肢箍，如图 3.32 所示。

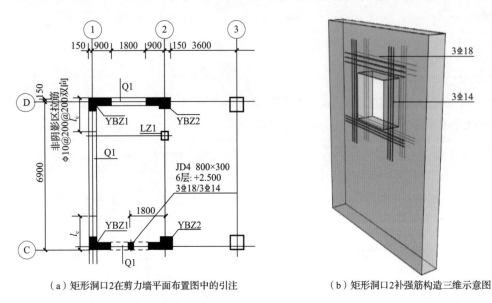

（a）矩形洞口2在剪力墙平面布置图中的引注   （b）矩形洞口2补强筋构造三维示意图

图 3.31　矩形洞口 2 补强筋构造

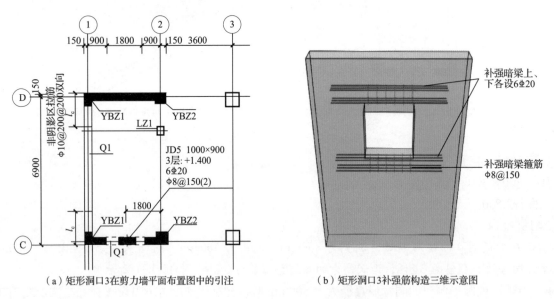

（a）矩形洞口3在剪力墙平面布置图中的引注   （b）矩形洞口3补强筋构造三维示意图

图 3.32　矩形洞口 3 补强筋构造

【案例解析 3-10】

YD5 1000

2～6 层 :+1.800

6Φ20

Φ8@150(2)

2Φ16

表示 2～6 层设置 5 号圆形洞口，直径为 1000mm，洞口中心距结构层楼面 1800mm；洞口上、下设补强暗梁；暗梁纵筋为 6⊈20，上、下排对称布置；箍筋为 Φ8@150 双肢箍；环向补强筋为 2⊈16，如图 3.33 所示。

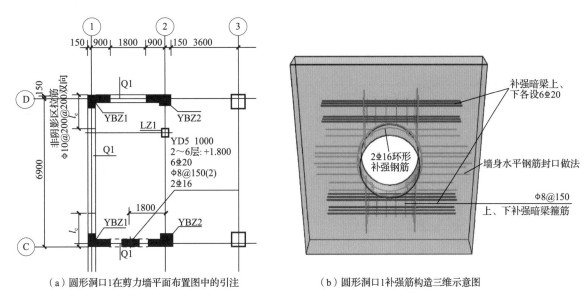

（a）圆形洞口1在剪力墙平面布置图中的引注　　（b）圆形洞口1补强筋构造三维示意图

图 3.33　圆形洞口 1 补强筋构造

c．当圆形洞口设置在连梁中部 1/3 范围（且圆洞直径不应大于 1/3 梁高）时，此项注写为在圆形洞口上、下每边水平设置的补强纵筋与箍筋。

【案例解析 3-11】

YD5 200

2～6 层 :+1.800

Φ8@150

2⊈20

表示 2～6 层设置 5 号圆形洞口，直径为 200mm，洞口中心距 5 层楼面 1800mm，洞口上、下每边补强纵筋为 2⊈20，补强箍筋为 Φ8@150，如图 3.34 所示。

d．当圆形洞口设置在墙身位置，且洞口直径不大于 300mm 时，此项注写为洞口上、下、左、右每边布置的补强钢筋的具体数值。

【案例解析 3-12】

YD5 200

5 层 :+1.800

2⊈20

表示 5 层设置 5 号圆形洞口，直径为 200mm，洞口中心距 5 层楼面 1800mm，洞口上、下、左、右每边补强筋为 2⊈20，如图 3.35 所示。

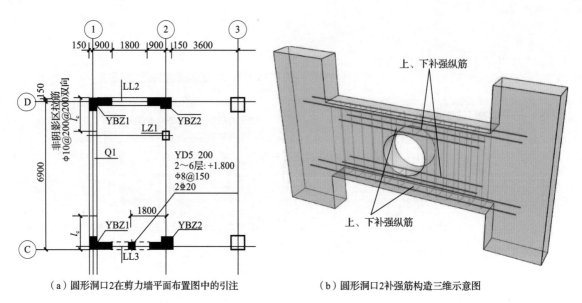

（a）圆形洞口2在剪力墙平面布置图中的引注 　　（b）圆形洞口2补强筋构造三维示意图

图 3.34　连梁上开圆形洞口 2 补强筋构造

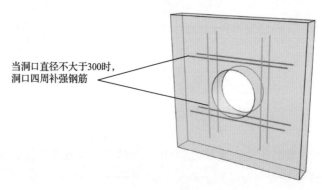

图 3.35　圆形洞口 3 补强筋构造三维示意

e. 当圆形洞口直径大于 300mm，但不大于 800mm 时，此项注写为洞口上、下、左、右每边布置的补强钢筋的具体数值，以及环向补强钢筋的具体数值。

【案例解析 3-13】

YD5　600

5 层 :+1.800

2Φ20

2Φ16

表示 5 层设置 5 号圆形洞口，直径为 600mm，洞口中心距 5 层楼面 1800mm，洞口上、下、左、右每边补强筋为 2Φ20，环向补强筋为 2Φ16，如图 3.36 所示。

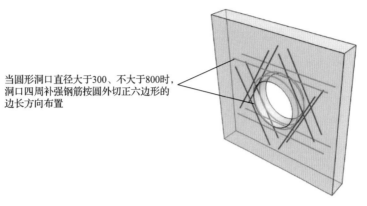

当圆形洞口直径大于300、不大于800时，洞口四周补强钢筋按圆外切正六边形的边长方向布置

图 3.36　圆形洞口 4 补强筋构造三维示意图

3.2.5　地下室外墙的表示方法

22G101—1 规定的地下室外墙的表示方法仅适用于起挡土作用的地下室外围护墙。其墙柱、连梁及洞口等的表示方法同地上剪力墙。

1．地下室外墙编号

地下室外墙编号，由墙身代号、序号组成，表达为 DWQ××。

2．地下室外墙平面注写方式

地下室外墙平面注写方式表达的内容，包括集中标注墙体编号、厚度、贯通筋、拉筋等和原位标注附加非贯通筋等两部分。当仅设置贯通筋，未设置附加非贯通筋时，则仅做集中标注。

3．地下室外墙集中标注

地下室外墙集中标注表达的内容具体如下。

（1）地下室外墙编号，墙身长度（注写为 ×× ～ ×× 轴）。

（2）地下室外墙厚度，注写为 b_w=×××。

（3）地下室外墙的外侧、内侧贯通筋和拉筋。

① 以"OS"代表外墙外侧贯通筋。其中，外侧水平贯通筋以"H"打头注写，外侧竖向贯通筋以"V"打头注写。

② 以"IS"代表外墙内侧贯通筋。其中，内侧水平贯通筋以"H"打头注写，内侧竖向贯通筋以"V"打头注写。

③ 以"tb"打头注写拉筋直径、钢筋种类及间距，并注明"矩形"或"梅花"，注写方式与剪力墙墙身相同。

【案例解析 3-14】

DWQ2(Ⓐ～Ⓓ),b_w=300

OS: H⸰18@100 V⸰20@100

IS: H⸰16@100 V⸰18@200

tb Φ6@400@400 矩形

表示 2 号地下室外墙，长度范围为 Ⓐ～Ⓓ 轴之间，墙厚为 300mm；外侧水平贯通筋为 ⸰18@100，竖向贯通筋为 ⸰20@100；内侧水平贯通筋为 ⸰16@100，竖向贯通筋为 ⸰18@200；拉筋为直径 6mm 的 HPB300 级钢筋，矩形布置，水平间距为 400mm，竖向间距为 400mm，如图 3.37 所示。

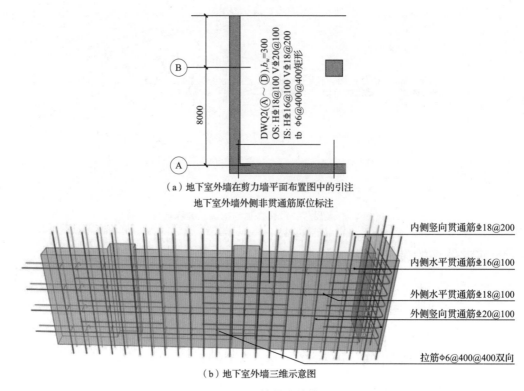

（a）地下室外墙在剪力墙平面布置图中的引注

（b）地下室外墙三维示意图

图3.37 地下室外墙

4.地下室外墙原位标注表达的内容

地下室外墙的原位标注，主要表达在外墙外侧配置的水平非贯通筋或竖向非贯通筋。

（1）当配置水平非贯通筋时，在剪力墙平面布置图上原位标注。在地下室外墙外侧绘制的粗实线段代表水平非贯通筋，其上注写钢筋编号，并以"H"打头注写钢筋种类、直径、分布间距，以及自支座中线向两侧跨内的伸出长度值。当自支座中线向两侧对称伸出时，可仅在单侧标注跨内伸出长度，另一侧无须注写，此种情况下非贯通筋总长度为标注长度的2倍。边支座处非贯通筋的伸出长度值从支座外边缘算起。

（2）地下室外墙外侧非贯通筋通常采用"隔一布一"方式与集中标注的贯通筋间隔布置，其标注间距应与贯通筋相同，两者组合后的实际分布间距为各自标注间距的1/2。

（3）当在地下室外墙外侧底部、顶部、中层楼板位置配置竖向非贯通筋时，在剪力墙平面布置图上补充绘制有地下室外墙竖向剖面图，并在其上原位标注。在地下室外墙竖向剖面图外侧绘制的粗实线段代表竖向贯通筋，其上注写钢筋编号，并以"V"打头注写钢筋种类、直径、分布间距，以及向上（下）层的伸出长度值，在外墙竖向剖面图图名下注明分布范围（注写为××～××轴）。

> ⚙ **特别提示**
>
> 外墙外侧竖向非贯通筋向层内的伸出长度值的表示方法如下。
> （1）地下室外墙底部非贯通筋向层内的伸出长度值从基础底板顶面算起。
> （2）地下室外墙顶部非贯通筋向层内的伸出长度值从顶板底面算起。
> （3）中层楼板处非贯通筋向层内的伸出长度值从板中间算起，当上、下两侧伸出长度值相同时，可仅注写一侧。

（4）当地下室外墙外侧水平、竖向非贯通筋配置相同时，可仅注写在一处，其他仅注写编号。当在地下室外墙顶部设置水平通长加强筋时应注明。

5.地下室外墙识图案例

地下室外墙识图案例如图3.38所示。

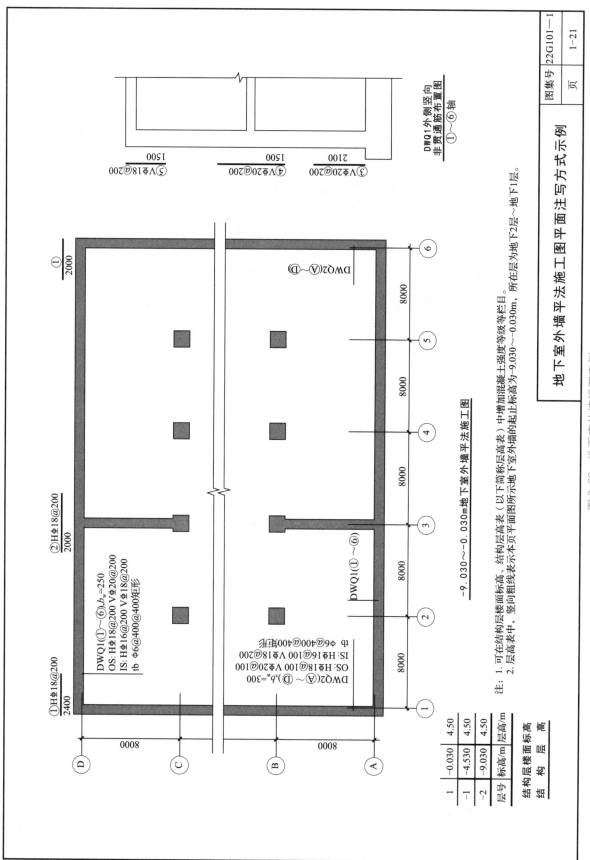

图 3.38 地下室外墙识图案例

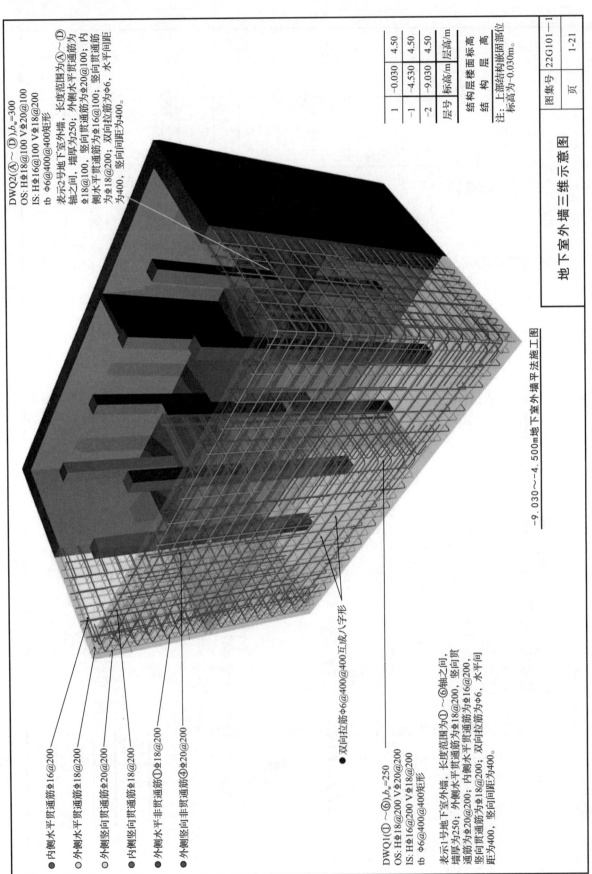

DWQ2(Ⓐ～Ⓓ),b_w=300
OS: H±18@100 V±20@100
IS: H±16@100 V±18@200
tb Φ6@400@400矩形

表示2号地下室外墙，长度范围为Ⓐ～Ⓓ轴之间，墙厚为250；外侧水平贯通筋为±18@100，竖向贯通筋±20@100；内侧水平贯通筋±16@100；竖向贯通筋为±18@200；双向拉筋为Φ6，水平间距为400，竖向间距为400。

		4.50
	1	−0.030	4.50
	−1	−4.530	4.50
	−2	−9.030	4.50
层号	标高/m	层高/m

结构层楼面标高
结 构 层 高

注：上部结构嵌固部位
标高为−0.030m。

图集号	22G101—1
页	1-21

地下室外墙三维示意图

−9.030～−4.500m地下室外墙平法施工图

● 内侧水平贯通筋±16@200
○ 外侧水平贯通筋±18@200
○ 外侧竖向贯通筋±20@200
● 内侧竖向贯通筋±18@200
● 外侧水平非贯通筋①±18@200
● 外侧竖向非贯通筋④±20@200

● 双向拉筋Φ6@400@400互成八字形

DWQ1(①～⑥),b_w=250
OS: H±18@200 V±20@200
IS: H±16@200 V±18@200
tb Φ6@400@400矩形

表示1号地下室外墙，长度范围为①～⑥轴之间，墙厚为250；外侧水平贯通筋为±18@200，竖向贯通筋为±20@200；内侧水平贯通筋为±16@200，竖向贯通筋±18@200；双向拉筋为Φ6，水平间距为400，竖向间距为400。

图3.38 地下室外墙识图案例（续）

📎 知识链接

墙根据受力特点可以分为承重墙和剪力墙，前者以承受竖向荷载为主，如砌体墙；后者以承受水平荷载为主。在抗震设防区，水平荷载主要由水平地震作用产生，因此剪力墙有时也称为抗震墙。

剪力墙根据功能不同可分为平面剪力墙和筒体剪力墙。平面剪力墙一般用于钢筋混凝土框架结构、升板结构、无梁楼盖体系中。为增加结构的刚度、强度及抗倒塌能力，在某些部位可现浇或安装预制剪力墙。现浇剪力墙与周边梁、柱同时浇筑，整体性好。筒体剪力墙一般用于高层建筑、高耸结构和悬吊结构中，筒壁均为现浇钢筋混凝土墙体，其刚度和强度较平面剪力墙高，可承受较大的水平荷载。

剪力墙结构

剪力墙按结构材料可以分为钢筋混凝土剪力墙、钢板剪力墙、型钢混凝土剪力墙和配筋砌块剪力墙。其中以钢筋混凝土剪力墙最为常用。

📝 拓展讨论

平法制图规则采用标准化的构造详图，形象、直观，施工易懂、易操作；标准构造详图可集国内较成熟、可靠的常规节点构造之大成，集中分类归纳后编制成国家建筑标准设计图集供设计选用，保证节点构造在设计与施工两个方面均达到高质量。党的二十大报告指出，高质量发展是全面建设社会主义现代化国家的首要任务。平法图集的编制是建筑行业高质量发展的微观体现，试讨论，你还知道哪些技术或标准的施行促进了建筑行业高质量发展？

◖ 本章小结 ◗

剪力墙是主要承受水平荷载的钢筋混凝土墙体，其内部由剪力墙柱、剪力墙梁、剪力墙身、剪力墙洞口构成。剪力墙平法施工图有列表注写和截面注写两种表示方法，剪力墙平法施工图识图包括分别对剪力墙柱、剪力墙梁、剪力墙身、剪力墙洞口的构件编号、标高、尺寸、配筋等信息进行识读。通过学习本章内容，我们能够掌握剪力墙平法施工图各部分的识图方法，并能对识图案例进行识读。

习　题

结合 22G101—1 图集，完成以下习题。

单选题

1．剪力墙水平分布筋在端部为暗柱时，伸至柱端后弯折，弯折长度为（　　）。

　　A．10d　　　　　　　　　　　　　B．10cm

　　C．15d　　　　　　　　　　　　　D．15cm

2．剪力墙水平分布筋在距离基础梁或板顶面以上（　　）距离时，布置第一道。

　　A．50mm　　　　　　　　　　　　B．水平分布筋间距 /2

　　C．100mm　　　　　　　　　　　　D．150mm

3．剪力墙身竖向分布筋采用机械连接接头时，第一批接头的位置距基础顶面应大于或等于（　　）。

　　A．0　　　　　　　　　　　　　　B．500mm

　　C．15d　　　　　　　　　　　　　D．150mm

4．剪力墙端部为暗柱时，内侧钢筋伸至墙边弯折长度为（　　）。

　　A．15d　　　　　　　　　　　　　B．10d

　　C．150mm　　　　　　　　　　　　D．250mm

5．剪力墙中间单洞口连梁锚固值为 l_{aE} 且不小于（　　）。

　　A．500mm　　　　　　　　　　　　B．600mm

　　C．750mm　　　　　　　　　　　　D．800mm

6．剪力墙身第一根水平分布筋距基础顶面的距离为（　　）。

　　A．50mm　　　　　　　　　　　　B．100mm

　　C．墙身水平分布筋间距　　　　　　D．墙身水平分布筋间距 /2

7．地下室外墙外侧非贯通筋通常采用"隔一布一"的方式，与集中标注的贯通筋间隔布置，其标注间距应与贯通筋相同，两者组合后的实际分布间距为各自标注间距的（　　）。

　　A．1/2　　　　　　　　　　　　　B．1 倍

　　C．2 倍　　　　　　　　　　　　　D．1/4

在线答题

梁平法识图

第 4 章

思维导图

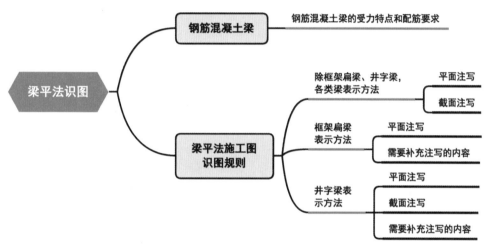

4.1 认识钢筋混凝土梁

在建筑结构中，截面尺寸的高与宽均较小而长度尺寸相对较大的构件称为梁。梁主要承受梁轴上墙板的荷载，属于以受弯为主的构件，跨度较大或荷载较大的梁，还承受较大的剪力（主要发生在近梁支座附近的集中荷载）。梁通常是水平搁置，有时为满足使用要求也有倾斜搁置的。梁在建筑结构中的用途极其广泛，如楼盖、屋盖中的主梁、次梁，以及吊车梁，基础梁等。

4.1.1 钢筋混凝土梁的受力特点

在建筑结构中，受弯构件是指截面上通常有弯矩和剪力作用的构件，梁和板为典型的受弯构件。在破坏荷载作用下，受弯构件可能在弯矩较大处沿着与梁的轴线垂直的截面（正截面）发生破坏，也可能在支座附近沿着与梁的轴线倾斜的截面（斜截面）发生破坏。

梁的正截面破坏形式与配筋率、钢筋混凝土强度等级、截面形式等有关，影响最大的是配筋率。随着纵向受拉钢筋配筋率的不同，钢筋混凝土梁正截面可能出现适筋、超筋、少筋三种不同形式的破坏。适筋破坏为塑性破坏。适筋梁的钢筋和混凝土均能充分利用，既安全又经济，是受弯构件正截面承载力极限状态验算的依据。超筋破坏和少筋破坏均为脆性破坏，既不安全又不经济。为避免工程中出现超筋梁或少筋梁，《混凝土结构设计规范（2015 年版）》（GB 50010—2010）对梁的最大和最小配筋率均做出了明确的规定。

一般情况下，受弯构件既承受弯矩又承受剪力，弯矩和剪力共同作用引起的拉应力将使梁产生斜裂缝。影响斜截面破坏形式的因素很多，如截面尺寸、混凝土强度等级、荷载形式、箍筋和弯起钢筋的含量等，其他影响较大的是配筋率。

4.1.2 钢筋混凝土梁的配筋要求

梁中一般配制下面几种钢筋：纵筋、箍筋、弯起筋、架立筋、纵向构造筋。

（1）纵筋布置在梁的受拉区，承受由于弯矩作用而产生的拉力，常用 HPB300、HRB400 级钢筋。有时在构件受压区也配置纵筋，与混凝土共同承受压力。纵筋的数量一般不少于两根；当梁宽小于 100mm 时，可为一根。纵筋应沿梁宽均匀分布，尽量布置排成一排；当钢筋根数较多时，一排排不下，可排成两排。在正常情况下，当混凝土强度等级小于或等于 C20 时，纵筋混凝土保护层厚度为 30mm。当混凝土强度等级大于或等于 C25 时，保护层厚度为 25mm，且不小于钢筋直径 d。

（2）箍筋主要是承担剪力，在构造上还能固定受力筋的位置，以便绑扎成钢筋骨架。箍筋常采用 HPB300 级钢筋，其数量由钢筋直径和间距计算确定。对高度大于 300mm 的梁，也应沿梁全长按照构造要求均匀设置，箍筋的直径根据梁高确定。当梁高小于 800mm 时，箍筋直径不小于 6mm；当梁高大于 800mm 时，箍筋直径不小于 8mm；梁中配筋有计算需要的纵向受压筋时，箍筋直径尚应不小于 $d/4$（d 为纵向受压筋的最大直径），箍筋的最大间距不得超过有关规定。

箍筋的肢数有单肢、双肢和四肢等。当梁宽 $b \leqslant 120$mm 时，采用单肢箍；当 120mm $< b < 350$mm 时，采用双肢箍；当 $b \geqslant 350$mm 时，采用四肢箍。为了固定箍筋，以便与纵筋形成钢筋骨架，当一排内纵筋多于 5 根，或纵向受压筋多于 3 根时，也采用四肢箍。

（3）弯起筋由纵向受拉筋弯起而成。在跨中附近有时也专门设置弯起筋和纵向受拉筋一样可以承受正弯矩，在支座附近弯起后，其弯起段可以承受弯矩和剪力共同产生的主拉应力，弯起后的水平段有时还可以承受支座处的负弯矩，弯起筋与梁轴线的夹角（弯起角）一般是 45°；当梁高 $h > 800$mm 时，弯起角为 60°。

（4）架立筋设置在梁的受压区并平行于纵向受力筋，承受因混凝土收缩和温度变化产生的应力。如有纵向受压筋时，纵向受压筋可兼作架立筋并应伸至梁的支座。

（5）纵向构造筋当梁较高（$h_w \geqslant 450$mm）时，为防止混凝土收缩和温度变形而产生竖向裂缝，同时加强钢筋骨架的刚度，在梁的两侧沿梁高每隔 200mm 处各设一根直径不小于 10mm 的腰筋，两根腰筋之间用直径为 6mm 或 8mm 的 HPB300 级拉筋联系，拉筋间距一般为箍筋的 2 倍。

4.2 梁平法施工图识图规则

4.2.1 梁平法施工图的表示方法

梁平法施工图是在梁平面布置图上采用平面注写方式或截面注写方式表达。

梁平面布置图，是分别按梁的不同结构层（标准层），将全部梁和与其相关联的柱、墙、板一起采用适当比例绘制的。

梁平法施工图中，按规定注明了各结构层的顶面标高及相应的结构层号。

对于未居轴线中对齐的梁，还标注有其与定位轴线的尺寸关系（贴柱边的梁可不标注）。

4.2.2 梁平法施工图平面注写方式

1. 平面注写方式说明

平面注写方式是在梁平面布置图上，分别在不同编号的梁中各选一根梁，以在其上注写截面尺寸和配筋具体数值的方式来表达梁平法施工图。

平面注写包括集中标注与原位标注。集中标注表达梁的通用数值，原位标注表达梁的特殊数值。当集中标注中的某项数值不适用于梁的某部位时，则该项数值采用原位标注。施工时，优先识读原位标注。图 4.1 所示为梁平面注写方式示例。

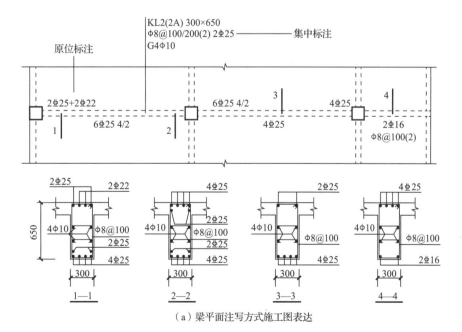

（a）梁平面注写方式施工图表达

图 4.1 梁平面注写方式示例

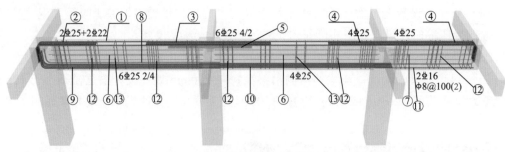

（b）梁配筋三维示意

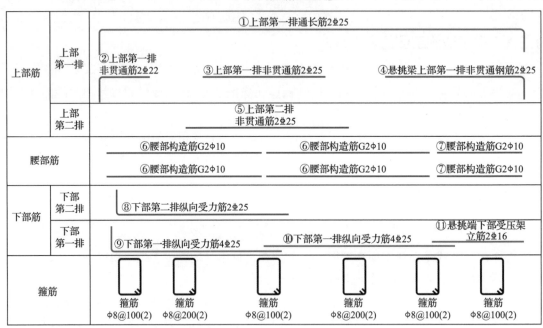

（c）梁配筋详解

图 4.1　梁平面注写方式示例（续）

注：图 4.1（a）中四个梁截面配筋图采用传统表示方法绘制的，用于对比按平面注写方式表达的同样内容。实际采用平面注写方式表达时，无须绘制梁截面配筋图和相应截面符号。

2．梁集中标注

1）梁的分类与编号

（1）梁编号的方法。

梁编号由类型代号、序号、跨数及有无悬挑代号几项组成，并应符合表 4-1 的规定。

表 4-1　梁编号

梁类型	类型代号	序　号	跨数及是否带有悬挑
楼层框架梁	KL	××	(××)、(××A) 或 (××B)
楼层框架扁梁	KBL	××	(××)、(××A) 或 (××B)
屋面框架梁	WKL	××	(××)、(××A) 或 (××B)
框支梁	KZL	××	(××)、(××A) 或 (××B)
托柱转换梁	TZL	××	(××)、(××A) 或 (××B)
非框架梁	L	××	(××)、(××A) 或 (××B)
悬挑梁	XL	××	(××)、(××A) 或 (××B)
井字梁	JZL	××	(××)、(××A) 或 (××B)

（2）梁的分类。

① 楼层框架梁是各楼面的承重梁与框架柱组合成框架空间共同受力，如图 4.2 所示。

② 屋面框架梁是框架结构屋面处的框架梁，如图 4.2 所示。

③ 非框架梁是指在框架结构中，框架梁之间设置的荷载分布次梁。它将楼板的荷载传递给框架梁，再由框架梁传递给柱或墙，如图 4.2 所示。

④ 悬挑梁是一端埋在或浇筑在支撑构件上，另一端伸出挑出支撑构件的梁。其结构上部产生弯矩和剪力，受拉受剪，因此受力筋配置在上部，如图 4.2 所示。

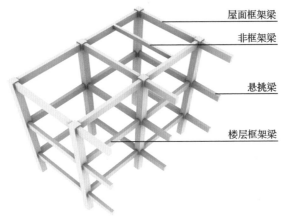

图 4.2
三维模型

图 4.2 楼层框架梁、屋面框架梁、非框架梁、悬挑梁

⑤ 框支梁。当建筑功能要求建筑下部有大空间时，上部部分竖向构件不能直接连续贯通落地，须通过水平转换构件与下部竖向构件连接。当布置的转换梁支撑上部剪力墙的时候，转换梁称为框支梁，支撑框支梁的柱子称为转换柱，图 4.3 所示为框支剪力墙结构中的框支梁。

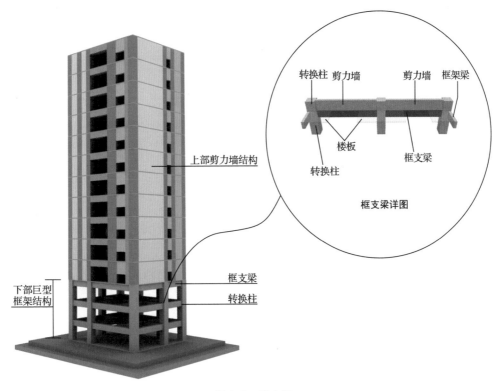

图 4.3 框支梁

⑥ 井字梁是指高度相当、同位相交、呈井字形的梁。井字梁一般用在楼板是正方形或者长宽比小于 1.5 的矩形楼板中，如大厅的楼板，井字梁的梁间距一般为 3m 左右，在同一平面内相互正交或斜交。井字梁又称交叉梁或格形梁，如图 4.4 所示。

图 4.4　井字梁

⑦ 楼层框架扁梁是指梁宽大于梁高的框架梁，简称框架扁梁，又称框架宽扁梁、宽扁梁、扁平梁，如图 4.5 所示。

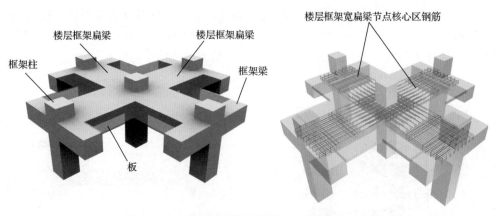

● 楼层框架扁梁上部纵筋
● 楼层框架扁梁下部纵筋
● 楼层框架扁梁节点核心区附加纵筋

图 4.5　楼层框架扁梁

⑧ 托柱转换梁是与框支梁类似的转换构件，区别在于其支承的竖向构件是柱，如图 4.6 所示。

（3）梁编号的说明。

①（××A）为一端有悬挑，（××B）为两端有悬挑，×× 为跨数，悬挑不计入跨数。

【案例解析 4-1】

KL7(5A)，表示 7 号框架梁，5 跨，一端有悬挑，如图 4.7 所示。

L9(7B)，表示 9 号非框架梁，7 跨，两端有悬挑，如图 4.7 所示。

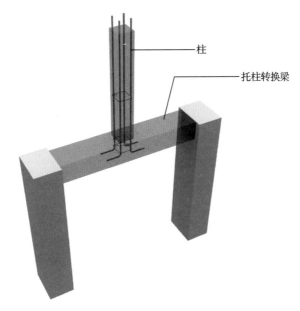

图 4.6 托柱转换梁

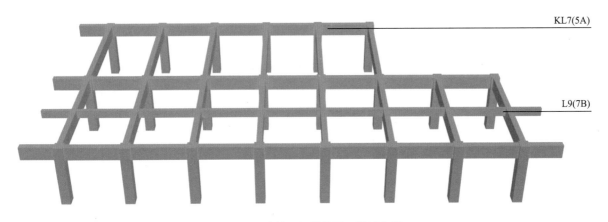

图 4.7 梁跨数及悬挑设置三维示意图

② KBH 表示楼层框架扁梁节点核心区。

③ 22G101—1 中，非框架梁、井字梁的端支座为铰接；当非框架梁、井字梁端支座上部纵筋为充分利用钢筋的抗拉强度时，梁类型代号后标有"g"。

【案例解析 4-2】

Lg7(5)，表示 7 号非框架梁，5 跨，端支座上部纵筋为充分利用钢筋的抗拉强度。

④ 当非框架梁（L）按受扭设计时，梁类型代号后标有"N"。

【案例解析 4-3】

LN5(3)，表示 5 号受扭非框架梁，3 跨。

2）梁截面尺寸

① 当梁为等截面梁时，截面尺寸用 $b \times h$ 表示；当梁为竖向加腋梁时，截面尺寸用 $b \times h \, Yc_1 \times c_2$ 表示，其中 c_1 为腋长，c_2 为腋高，如图 4.8 所示。

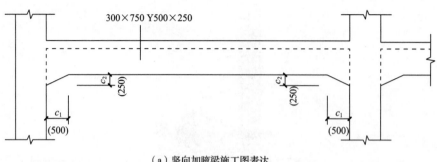

（a）竖向加腋梁施工图表达

（b）竖向加腋梁三维示意图

图 4.8　竖向加腋梁

②当梁为水平加腋梁时，一侧加腋时用截面尺寸 $b \times h$ PY$c_1 \times c_2$ 表示，其中 c_1 为腋长，c_2 为腋高，加腋部位应在平面图中绘制，如图 4.9 所示。

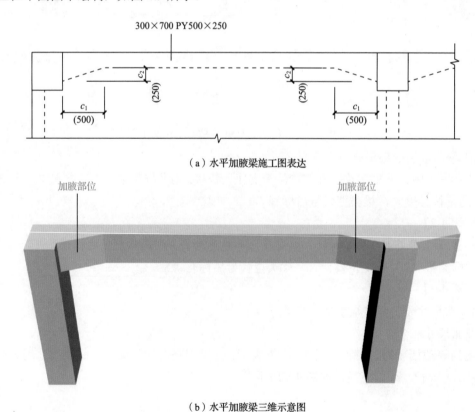

（a）水平加腋梁施工图表达

（b）水平加腋梁三维示意图

图 4.9　水平加腋梁

③当梁为有悬挑梁且根部和端部的高度不同时，用斜线分隔根部与端部的高度值，截面尺寸用 $b\times h_1/h_2$ 表示，如图4.10所示。

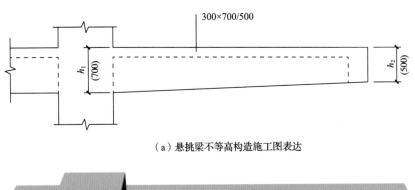

（a）悬挑梁不等高构造施工图表达

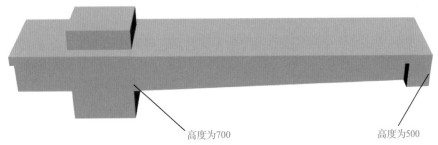

（b）悬挑梁不等高构造三维示意图

图4.10　悬挑梁不等高构造

3）梁箍筋

梁箍筋注写内容包括钢筋种类、直径、加密区与非加密区间距及肢数。梁箍筋加密区与非加密区的不同间距及肢数用斜线"/"分隔；当梁箍筋为同一种间距及肢数时，则不注写斜线；当加密区与非加密区的箍筋肢数相同时，则只注写肢数一次；箍筋肢数注写在括号内。加密区范围见22G101—1图集中相应抗震等级的标准构造详图。

【案例解析4-4】

Φ10@100/200(4)，表示箍筋为HPB300级钢筋，直径为10mm，加密区间距为100mm，非加密区间距为200mm，均为四肢箍，如图4.11所示。

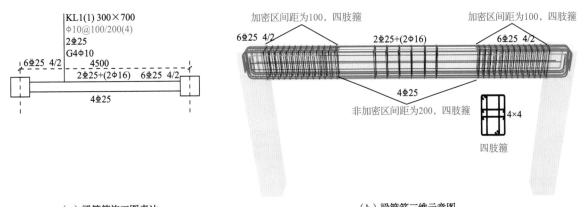

（a）梁箍筋施工图表达　　　　　　　　　　（b）梁箍筋三维示意图

图4.11　梁箍筋（加密区、非加密区箍筋肢数相同）

【案例解析4-5】

Φ8@100(4)/150(2)，表示箍筋为HPB300级钢筋，直径为8mm，加密区间距为100mm，四肢箍；非加密区间距为150mm，双肢箍，如图4.12所示。

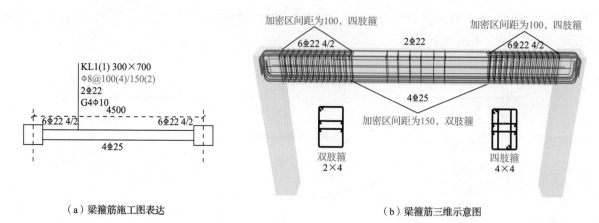

（a）梁箍筋施工图表达 　　　　　　　　　（b）梁箍筋三维示意图

图4.12　梁箍筋（加密区、非加密区箍筋肢数不同）

当非框架梁、悬挑梁、井字梁箍筋间距及肢数不同时，也用斜线"/"分隔。斜线前注写梁支座端部的箍筋（包括箍筋的箍数、钢筋种类、直径、间距与肢数），斜线后注写梁跨中部分的箍筋间距及肢数。

【案例解析4-6】

13φ10@150/200(4)，表示箍筋为HPB300级钢筋，直径为10mm；梁的两端各有13个四肢箍，间距为150mm；梁跨中部分间距为200mm，四肢箍，如图4.13所示。

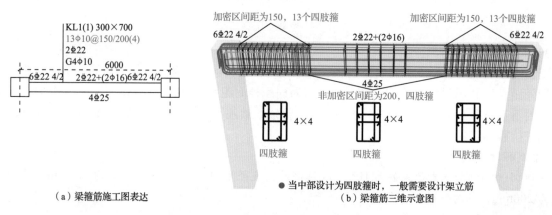

（a）梁箍筋施工图表达 　　　　●当中部设计为四肢箍时，一般需要设计架立筋
　　　　　　　　　　　　　　　　　（b）梁箍筋三维示意图

图4.13　梁箍筋（加密区箍筋个数明确）

【案例解析4-7】

13φ12@150(4)/200(2)，表示箍筋为HPB300级钢筋，直径为12mm；梁的两端各有18个四肢箍，间距为150mm；梁跨中部分间距为200mm，双肢箍，如图4.14所示。

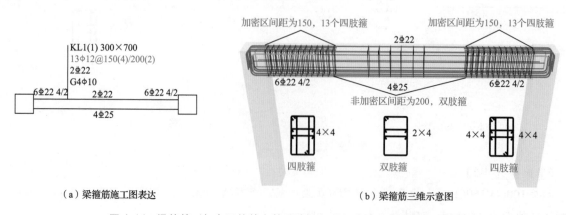

（a）梁箍筋施工图表达 　　　　　　　　　（b）梁箍筋三维示意图

图4.14　梁箍筋（加密区箍筋个数明确且与非加密区箍筋肢数不同）

4）梁上部通长筋或架立筋

梁上部通长筋或架立筋（通长筋可为相同或不同直径采用搭接连接、机械连接或焊接的钢筋）注写的规格与根数根据结构受力要求及箍筋肢数等构造要求而定。当同排纵筋中既有通长筋又有架立筋时，通长筋和架立筋用加号"+"相连。角部纵筋注写在加号的前面，架立筋注写在加号后面的括号内，以示不同直径及与只有通长筋的区别。当全部采用架立筋时，架立筋注写在括号内。

【案例解析4-8】

2Φ22，表示该段梁采用双肢箍；2Φ22+(4Φ12)，表示该段梁采用六肢箍，其中2Φ22为通长筋，4Φ12为架立筋，如图4.15所示。

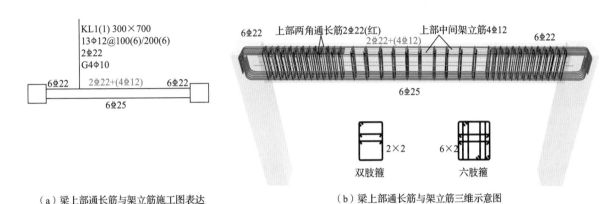

（a）梁上部通长筋与架立筋施工图表达　　（b）梁上部通长筋与架立筋三维示意图

图4.15　梁上部通长筋与架立筋

当梁的上部通长筋和下部通长筋全跨相同，且多数跨配筋相同时，上部与下部通长筋的配筋值用分号"；"分隔，少数跨配筋不同者，进行原位标注。

【案例解析4-9】

4Φ20;4Φ22，表示梁的上部配置4Φ20的通长筋，梁的下部配置4Φ22的通长筋，如图4.16所示。

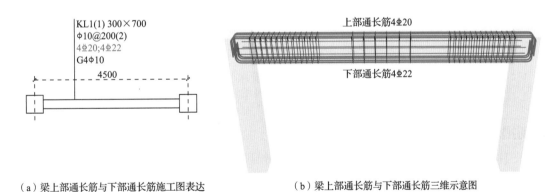

（a）梁上部通长筋与下部通长筋施工图表达　　（b）梁上部通长筋与下部通长筋三维示意图

图4.16　梁上部通长筋与下部通长筋

5）梁侧面纵向构造筋和受扭筋

当梁腹板高度 h_w > 450mm 时，需配置纵向构造筋，注写的内容为其规格和根数，以大写字母"G"打头，接续注写对称配置在梁两个侧面的总配筋值。

【案例解析4-10】

G4Φ12，表示梁的两个侧面共配置4Φ12的构造筋，每侧各配置2Φ12，如图4.17所示。

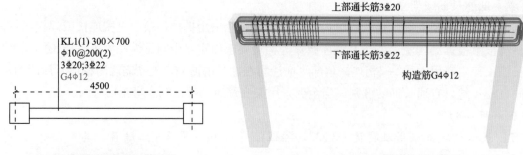

（a）梁侧面纵向构造筋施工图表达　　　　　（b）梁侧面纵向构造筋三维示意图

图 4.17　梁侧面纵向构造筋

注：1. 构造筋锚固长度为 15d，一般情况下在柱中直锚。

2. 设置构造筋是为了防止温度应力作用下，梁腰部混凝土在凝结硬化过程中产生竖向裂缝。

3. 梁构造筋做法见 22G101—1 图集。

当梁侧面配置纵向受扭筋时，注写值以大写字母"N"打头，接续注写对称配置在梁两个侧面的总配筋值。

【案例解析 4-11】

N4Φ16，表示梁的两个侧面共配置 4Φ16 的受扭筋，每侧各配置 2Φ16，如图 4.18 所示。

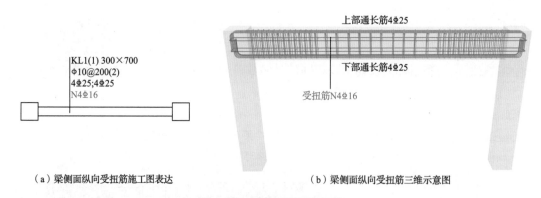

（a）梁侧面纵向受扭筋施工图表达　　　　　（b）梁侧面纵向受扭筋三维示意图

图 4.18　梁侧面纵向受扭筋

注：1. 纵向受扭筋锚固长度为 l_{aE}，锚固长度比构造筋长，有时在端支座处会做成弯锚。

2. 纵向受扭筋应满足梁侧面纵向构造筋的间距要求，且不再重复配置纵向构造筋。

🖱 特别提示

（1）当为梁侧面配置纵向构造筋时，其搭接与锚固长度可取为 15d。

（2）当为梁侧面配置纵向受扭筋时，其搭接长度为 l_l 或 l_{lE}，锚固长度为 l_a 或 l_{aE}；其锚固方式同框架梁下部纵筋。

6）梁顶面标高高差

梁顶面标高高差，是指相对于结构层楼面标高的高差值，对于位于结构夹层的梁，则指相对于结构夹层楼面标高的高差。有高差时注写在括号内，无高差时不注写。当某梁的顶面高于所在结构层的楼面标高时，其标高高差为正值，反之为负值。

【案例解析 4-12】

某结构标准层的楼面标高分别为 44.950m 和 43.250m，当这两个标准层中某梁的梁顶面标高高差注写为（-0.100）时，即表明该梁顶面标高分别相对于 44.950m 和 43.250m 低 0.100m，如图 4.19 所示。

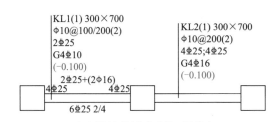

（a）梁顶面标高高差施工图表达

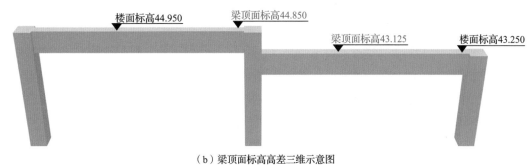

（b）梁顶面标高高差三维示意图

图4.19　梁顶面标高高差

3. 梁原位标注

1）梁上部纵筋

梁上部纵筋为该部位含通长筋在内的所有纵筋。

（1）当上部纵筋多于一排时，用斜线"/"将各排纵筋自上而下分开。

【案例解析4-13】

梁支座上部纵筋注写为6$\underline{\Phi}$22 4/2，表示上一排纵筋为4$\underline{\Phi}$22，下一排纵筋为2$\underline{\Phi}$25，如图4.20所示。

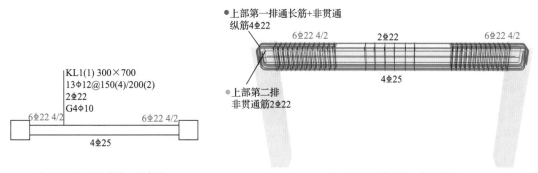

（a）上下两排纵筋施工图表达　　　　　　（b）上下两排纵筋三维示意图

图4.20　梁上部上下两排纵筋

（2）当同排纵筋有两种直径时，用加号"+"将两种直径的纵筋组合，注写在前面的是角部纵筋，简称角筋。

【案例解析4-14】

梁支座上部应注写为2$\underline{\Phi}$25+2$\underline{\Phi}$22，表示梁支座上部有4根纵筋，其中2$\underline{\Phi}$25为角筋，如图4.21所示。

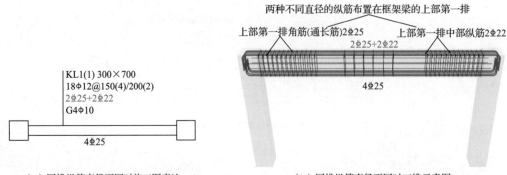

KL1(1) 300×700
18Φ12@150(4)/200(2)
2Φ25+2Φ22
G4Φ10

4Φ25

两种不同直径的纵筋布置在框架梁的上部第一排

上部第一排角筋(通长筋)2Φ25   上部第一排中部纵筋2Φ22
2Φ25+2Φ22

4Φ25

（a）同排纵筋直径不同时施工图表达　　　　　（b）同排纵筋直径不同时三维示意图

图 4.21　梁上部同排不同直径纵筋

（3）当梁中间支座两边的上部纵筋不同时，在支座两边分别标注；当梁中间支座两边的上部纵筋相同时，配筋值可仅在支座的一边标注，另一边不标注，如图 4.22 所示。

图 4.22
三维模型

KL7(3) 300×700
Φ10@100/200(2)
2Φ25
N4Φ18
(−0.100)

梁支座截面

4Φ25
N4Φ18   Φ10@100
4Φ25

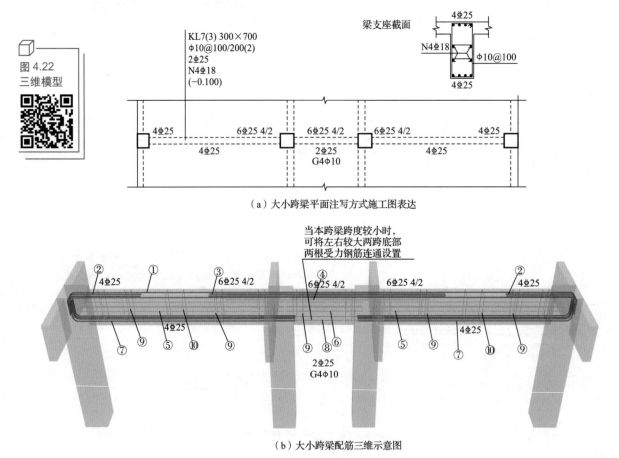

4Φ25
6Φ25 4/2
6Φ25 4/2
6Φ25 4/2
4Φ25
4Φ25
2Φ25
G4Φ10
4Φ25

（a）大小跨梁平面注写方式施工图表达

当本跨梁跨度较小时，可将左右较大两跨底部两根受力钢筋连通设置

②   ①   ③   ②
4Φ25   6Φ25 4/2   6Φ25 4/2   6Φ25 4/2   4Φ25
4Φ25   4Φ25
⑦   ⑤   ⑩   ⑨   ⑨   ⑧   ⑥   ⑤   ⑨   ⑩   ⑨   ⑦

2Φ25
G4Φ10

（b）大小跨梁配筋三维示意图

图 4.22　大小跨梁的注写示例

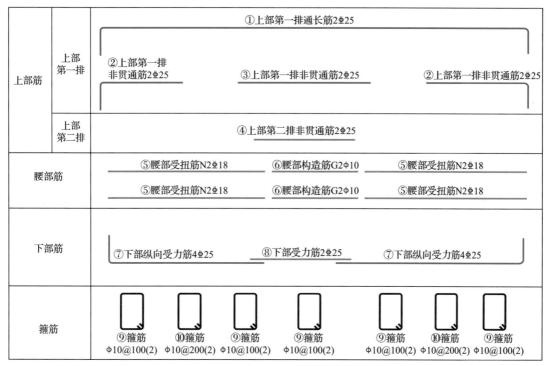

（c）大小跨梁配筋详解

图4.22　大小跨梁的注写示例（续）

（4）对于端部带悬挑的梁，在悬挑梁根部支座部位注写的是上部纵筋。当支座两边的上部纵筋相同时，配筋值可仅在支座的一边标注。

2）梁下部纵筋

（1）当下部纵筋多于一排时，用斜线"/"将各排纵筋自上而下分开。

【案例解析4-15】

梁下部纵筋注写为8⏀25 4/4，表示上排纵筋为4⏀25，下排纵筋为4⏀25，全部伸入支座，如图4.23所示。

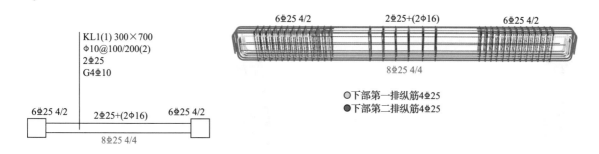

（a）上下两排纵筋施工图表达　　　　　　　　（b）上下两排纵筋三维示意图

图4.23　梁下部上下两排纵筋

（2）当同排纵筋有两种直径时，用加号"+"将两种直径的纵筋组合，在前面注写角筋。

（3）当梁下部纵筋不全部伸入支座时，将不伸入梁支座的下部纵筋数量写在括号内。

【案例解析 4-16】

梁下部纵筋注写为 6⊕25 2(-2)/4，表示上排纵筋为 2⊕25，且不伸入支座；下排纵筋为 4⊕25，全部伸入支座，如图 4.24 所示。

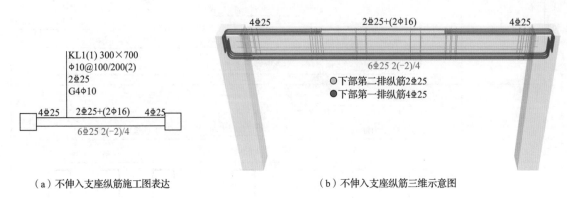

（a）不伸入支座纵筋施工图表达　　　　　　（b）不伸入支座纵筋三维示意图

图 4.24　梁下部不伸入支座纵筋

【案例解析 4-17】

梁下部纵筋注写为 2⊕25+3⊕22(-3)/5⊕25，表示上排纵筋为 2⊕25 和 3⊕22，其中 3⊕22 不伸入支座；下排纵筋为 5⊕25，全部伸入支座，如图 4.25 所示。

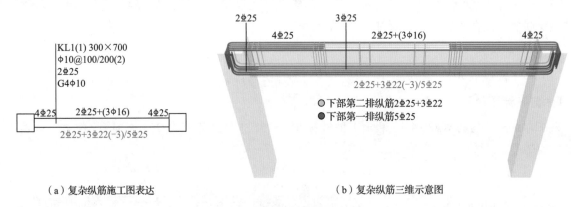

（a）复杂纵筋施工图表达　　　　　　（b）复杂纵筋三维示意图

图 4.25　复杂情况下的梁下部纵筋

（4）当梁的集中标注中已按规定分别注写了梁上部和下部均为通长的纵筋值时，在梁下部不会重复做原位标注。

加腋梁

（5）当梁设置竖向加腋时，加腋部位下部斜向纵筋在支座下部以"Y"打头注写在括号内如图 4.26 所示。22G101—1 图集中框架梁竖向加腋构造适用于加腋部位参与框架梁计算的情况，其他情况施工图中会另行绘制出构造。当梁设置水平加腋时，水平加腋内上下部斜纵筋在加腋支座上部以"Y"打头注写在括号内，上下部斜纵筋之间用"/"分隔如图 4.27 所示。

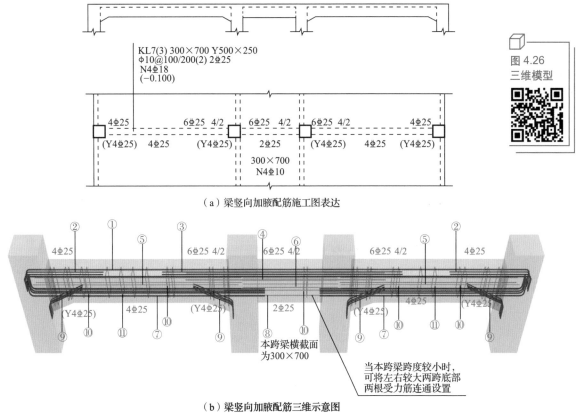

KL7(3) 300×700 Y500×250
Φ10@100/200(2) 2Φ25
N4Φ18
(−0.100)

图 4.26
三维模型

（a）梁竖向加腋配筋施工图表达

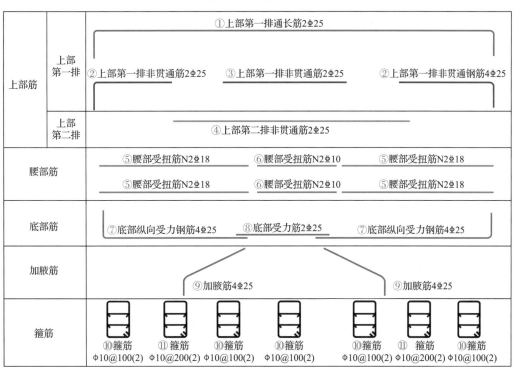

（b）梁竖向加腋配筋三维示意图

上部筋	上部 第一排	①上部第一排通长筋2Φ25 ②上部第一排非贯通筋2Φ25　③上部第一排非贯通筋2Φ25　②上部第一排非贯通钢筋4Φ25
	上部 第二排	④上部第二排非贯通筋2Φ25
腰部筋		⑤腰部受扭筋N2Φ18　　⑥腰部受扭筋N2Φ10　　⑤腰部受扭筋N2Φ18 ⑤腰部受扭筋N2Φ18　　⑥腰部受扭筋N2Φ10　　⑤腰部受扭筋N2Φ18
底部筋		⑦底部纵向受力钢筋4Φ25　⑧底部受力筋2Φ25　⑦底部纵向受力钢筋4Φ25
加腋筋		⑨加腋筋4Φ25　　　　　　　　　⑨加腋筋4Φ25
箍筋		⑩箍筋　⑪箍筋　⑩箍筋　⑩箍筋　⑩箍筋　⑪箍筋　⑩箍筋 Φ10@100(2) Φ10@200(2) Φ10@100(2) Φ10@100(2) Φ10@100(2) Φ10@200(2) Φ10@100(2)

（c）梁竖向加腋配筋详解

图 4.26　梁竖向加腋配筋注写示例

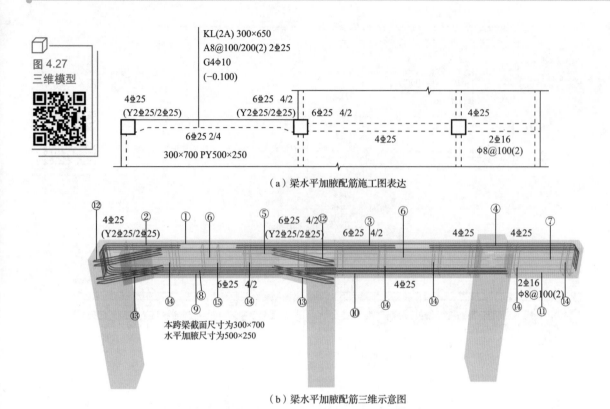

（a）梁水平加腋配筋施工图表达

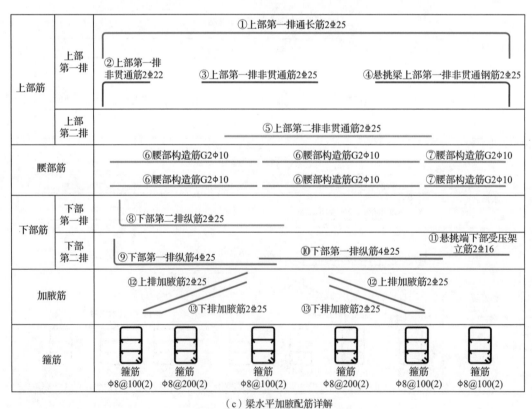

本跨梁截面尺寸为300×700
水平加腋尺寸为500×250

（b）梁水平加腋配筋三维示意图

上部筋	上部第一排	①上部第一排通长筋2⊈25		
		②上部第一排非贯通筋2⊈22	③上部第一排非贯通筋2⊈25	④悬挑梁上部第一排非贯通钢筋2⊈25
	上部第二排	⑤上部第二排非贯通筋2⊈25		
腰部筋		⑥腰部构造筋G2Φ10	⑥腰部构造筋G2Φ10	⑦腰部构造筋G2Φ10
		⑥腰部构造筋G2Φ10	⑥腰部构造筋G2Φ10	⑦腰部构造筋G2Φ10
下部筋	下部第一排	⑧下部第二排纵筋2⊈25		
	下部第二排	⑨下部第一排纵筋4⊈25	⑩下部第一排纵筋4⊈25	⑪悬挑端下部受压架立筋2⊈16
加腋筋		⑫上排加腋筋2⊈25	⑫上排加腋筋2⊈25	
		⑬下排加腋筋2⊈25	⑬下排加腋筋2⊈25	
箍筋		箍筋 Φ8@100(2) 箍筋 Φ8@200(2)	箍筋 Φ8@100(2) 箍筋 Φ8@200(2)	箍筋 Φ8@100(2) 箍筋 Φ8@100(2)

（c）梁水平加腋配筋详解

图4.27 梁水平加腋配筋注写示例

3）集中标注不适用的情况

当在梁上集中标注的内容（即梁截面尺寸、箍筋、上部通长筋或架立筋，梁侧面纵向构造筋或受扭筋及梁顶面标高高差中的某一项或几项数值）不适用于某跨或某悬挑部分时，其不同数值用原位标注注写在该跨或该悬挑部位，施工时应按原位标注数值取用。

当在多跨梁的集中标注中已注明加腋，而该梁某跨的根部不加腋时，该跨原位标注等截面尺寸$b×h$，以修正集中标注中的加腋信息，如图4.26所示。

4）附加箍筋或吊筋

附加箍筋或吊筋一般直接绘制在平面布置图中的主梁上，用线引注总配筋值。对于附加箍筋，施工图中还会注明附加箍筋的肢数，箍筋肢数注在括号内，如图4.28所示。当多数附加箍筋或吊筋相同时，在施工图上会统一注明，少数不同的用原位标注注写。

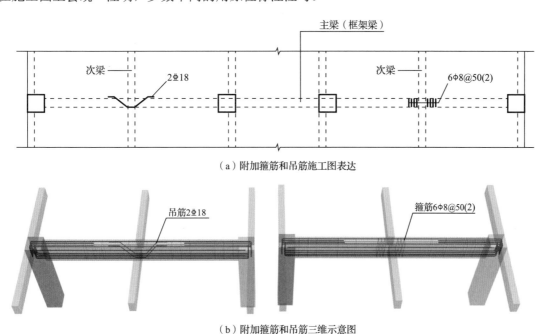

（a）附加箍筋和吊筋施工图表达

（b）附加箍筋和吊筋三维示意图

图4.28　附加箍筋和吊筋

5）梁支座上部纵筋充分利用钢筋的抗拉强度的情况

当非框架梁（L）某一端支座上部纵筋为充分利用钢筋的抗拉强度，或框架梁（KL）一端与框架柱相连，另一端与梁相连，且与梁相连的支座上部纵筋为充分利用钢筋的抗拉强度时，梁平面布置图上原位标注"g"，如图4.29所示。

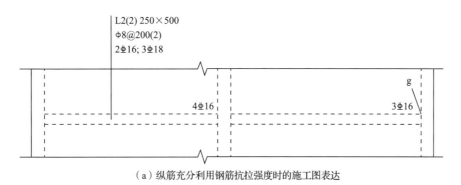

（a）纵筋充分利用钢筋抗拉强度时的施工图表达

图4.29　梁支座上部充分利用钢筋抗拉强度的纵筋

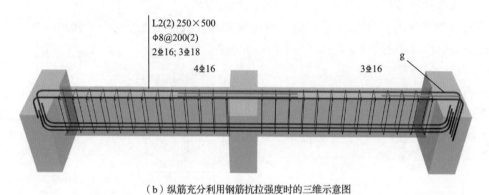

（b）纵筋充分利用钢筋抗拉强度时的三维示意图

图 4.29　梁支座上部充分利用钢筋抗拉强度的纵筋（续）

6）局部带屋面的楼层框架梁

对于局部带屋面的楼层框架梁，屋面部位梁跨原位标注为 WKL，与屋面框架梁相同，如图 4.30 所示。

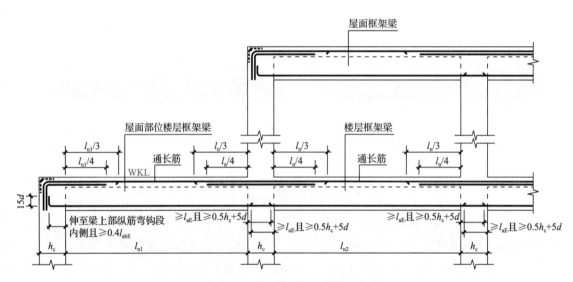

图 4.30　局部带屋面的楼层框架梁

4. 梁平法施工图平面注写方式识图案例

梁平法施工图平面注写方式识图案例如图 4.31 所示。

图集号 22G101—1
页 1-32

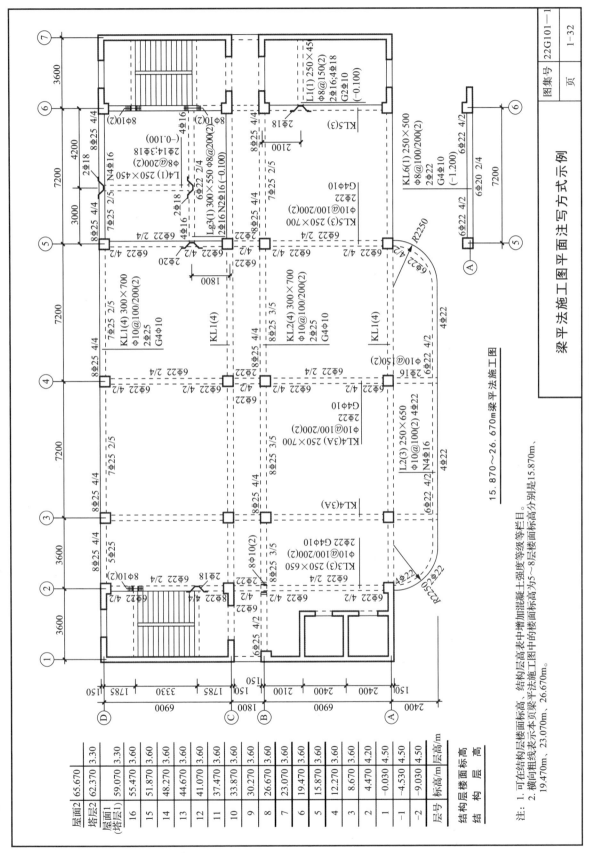

梁平法施工图平面注写方式识图案例

图 4.31　梁平法施工图平面注写方式识图案例

图 4.31 中位于 Ⓓ 轴上、②～⑥ 轴间的 KL1 配筋三维详解如图 4.32 所示。

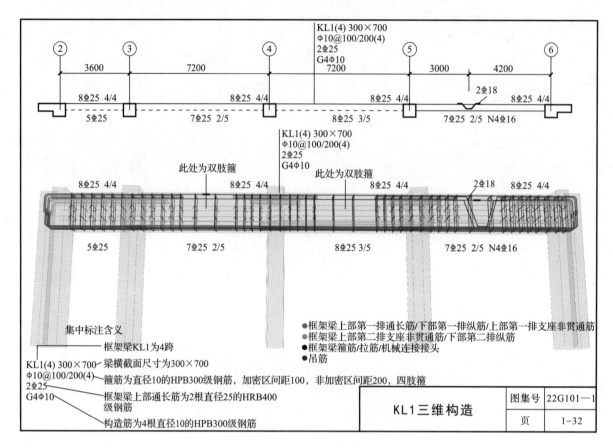

图 4.32 KL1 配筋三维详解

4.2.3 框架扁梁的表示方法

1. 框架扁梁注写方式说明

22G101—1 规定，框架扁梁注写方式与框架梁平面注写方式相同。此外，对于框架扁梁的上部纵筋和下部纵筋，其未穿过柱截面的梁纵筋的根数补充注写在括号中。

【案例解析 4-18】

10Φ25(4)，表示框架扁梁有 4 根纵筋未穿过柱截面，柱两侧各 2 根。施工时，应注意采用相应的构造做法，如图 4.33 所示。

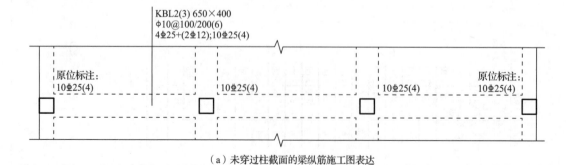

（a）未穿过柱截面的梁纵筋施工图表达

图 4.33 有纵筋未穿过柱截面的框架扁梁

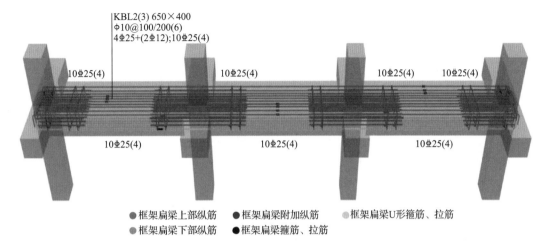

KBL2(3) 650×400
Φ10@100/200(6)
4Φ25+(2Φ12);10Φ25(4)

10Φ25(4)　　　10Φ25(4)　　　　　10Φ25(4)　　10Φ25(4)

10Φ25(4)　　　　　　10Φ25(4)　　　　　　10Φ25(4)

● 框架扁梁上部纵筋　　● 框架扁梁附加纵筋　　● 框架扁梁U形箍筋、拉筋

● 框架扁梁下部纵筋　　● 框架扁梁箍筋、拉筋

（b）未穿过柱截面的梁纵筋三维示意图

图 4.33　有纵筋未穿过柱截面的框架扁梁（续）

2. 框架扁梁节点核心区

框架扁梁节点核心区（KBH），包括柱内核心区和柱外核心区两部分。框架扁梁节点核心区钢筋注写内容包括柱外核心区竖向拉筋及节点核心区附加抗剪纵筋，端支座节点核心区还注写有附加U形箍筋。

（1）柱内核心区箍筋注写方式与框架柱箍筋相同。

（2）柱外核心区竖向拉筋，注写有其钢筋种类与直径；端支座柱外核心区还注写有附加U形箍筋的钢筋种类、直径及根数。

（3）框架扁梁节点核心区附加抗剪纵筋，以大写字母"F"打头注写，注写大写字母"X"或"Y"表示其设置方向（x 向或 y 向），然后补充注写层数，每层钢筋根数、种类、直径，以及未穿过柱截面的纵筋根数。

【案例解析 4-19】

KBH1 Φ10

F X&Y 2×7Φ14(4)

表示框架扁梁中间支座节点核心区。其柱外核心区竖向拉筋为直径 10mm 的 HPB300 级钢筋；沿梁 x 向和 y 向均配置两层 7Φ14 附加抗剪纵筋，每层有 4 根附加抗剪纵筋未穿过柱截面，柱两侧各两根；附加抗剪纵筋沿梁高度范围均匀布置，如图 4.34（a）所示。

【案例解析 4-20】

KBH2 Φ10

4Φ10

F X 2×7Φ14(4)

表示框架扁梁端支座节点核心区。其柱外核心区竖向拉筋为直径 10mm 的 HPB300 级钢筋；附加U形箍筋共 4 道，柱两侧各两道；沿框架扁梁 x 向配置两层 7Φ14 附加抗剪纵筋，每层有 4 根附加抗剪纵筋未穿过柱截面，柱两侧各两根；附加抗剪纵筋沿梁高度范围均匀布置，如图 4.34（b）所示。

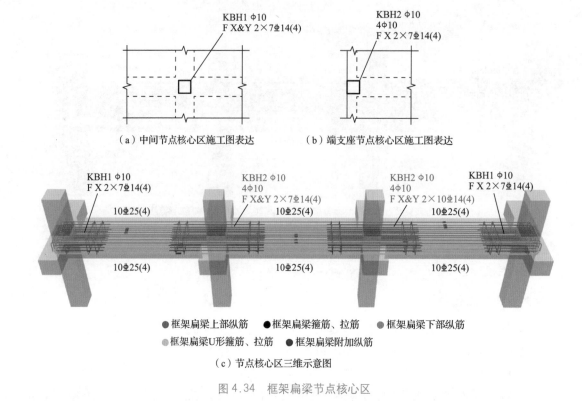

图4.34　框架扁梁节点核心区

4.2.4　梁平法施工图截面注写方式

1．截面注写方式说明

截面注写方式，是指在分标准层绘制的梁平面布置图上，且分别在不同编号的梁中各选择一根梁用剖面号引出配筋图，并在其上注写截面尺寸和配筋具体数值。

2．截面注写方式的具体规定

（1）对所有梁按表4-1的规定进行编号，从相同编号的梁中选择一根梁，用剖面号引出截面位置，再将截面配筋详图画在本图或其他图上。当某梁的顶面标高与结构层的楼面标高不同时，应在其梁编号后注写梁顶面标高高差（注写方式与平面注写方式相同）。

（2）在截面配筋详图上注写截面尺寸 $b×h$、上部筋、下部筋、侧面构造筋或受扭筋以及箍筋的具体数值时，其注写方式与平面注写方式相同。

（3）对于框架扁梁需在截面详图上注写未穿过柱截面的纵筋根数。对于框架扁梁节点核心区附加筋，需采用平、剖面图表达节点核心区附加抗剪纵筋、柱外核心区全部竖向拉筋以及端支座附加U形箍筋，注写其具体数值。

（4）截面注写方式既可以单独使用，又可与平面注写方式结合使用。

> **🌀 特别提示**
>
> 在梁平法施工图中，当局部区域的梁布置过密时，除了采用截面注写方式表达，也可将过密区用虚线框出，用适当比例放大后再用平面注写方式表示。
>
> 当表达异形截面梁的截面尺寸与配筋时，用截面注写方式相对比较方便。

3．梁平法施工图截面注写方式识图案例

梁平法施工图截面注写方式识图案例如图4.35所示。

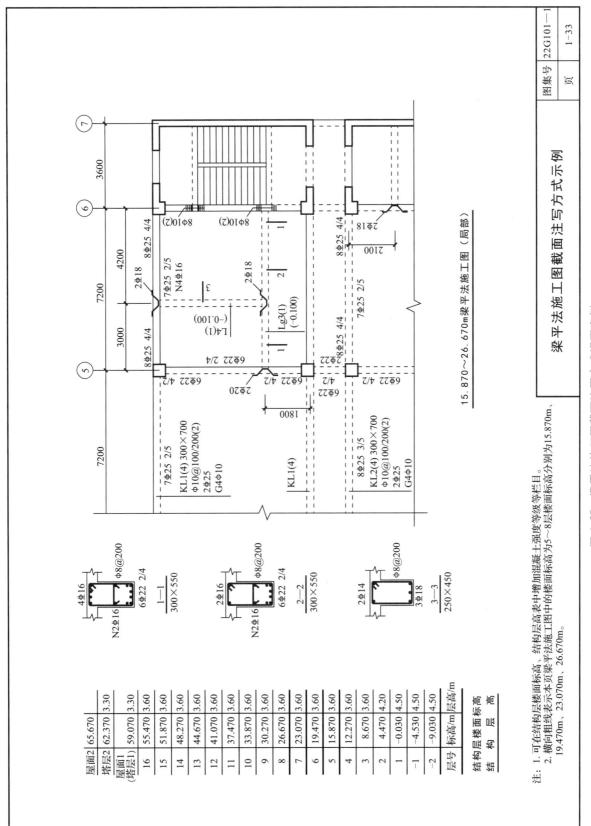

15.870~26.670m梁平法施工图（局部）

梁平法施工图截面注写方式示例

梁平法施工图截面注写方式识图案例

图4.35 梁平法施工图截面注写方式识图案例

注：1. 可在结构层楼面标高、结构层高表中增加混凝土强度等级等栏目。
2. 横向粗线表示本页表示梁平法施工图中的楼面标高为5~8层楼面标高分别为15.870m、19.470m、23.070m、26.670m。

屋面2	65.670	3.30
塔层2	62.370	3.30
屋面1（塔层1）	59.070	3.60
16	55.470	3.60
15	51.870	3.60
14	48.270	3.60
13	44.670	3.60
12	41.070	3.60
11	37.470	3.60
10	33.870	3.60
9	30.270	3.60
8	26.670	3.60
7	23.070	3.60
6	19.470	3.60
5	15.870	3.60
4	12.270	3.60
3	8.670	3.60
2	4.470	4.20
1	-0.030	4.50
-1	-4.530	4.50
-2	-9.030	4.50
层号	标高/m	层高/m
结构层楼面标高 结构层高		

87 第4章

图 4.35 中位于⑤～⑦轴间的 Lg3、L4 三维详解如图 4.36 所示。

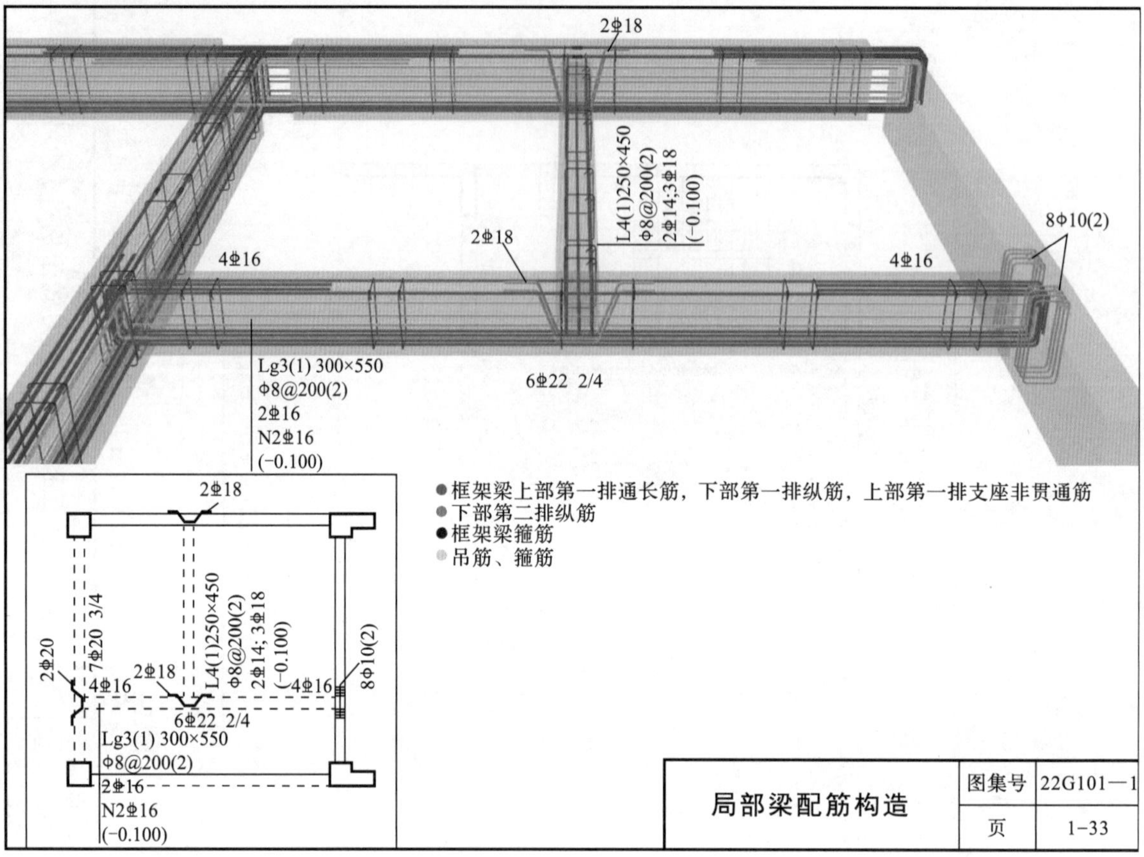

图 4.36 Lg3、L4 及吊筋三维详解

4.2.5 井字梁的表示方法

1．井字梁的制图方式说明

22G101—1 所规定的井字梁是指在同一矩形平面内相互正交所组成的结构构件，井字梁通常由非框架梁构成，并以框架梁为支座（特殊情况下以专门设置的大截面非框架梁为支座）。在此情况下，为明确区分井字梁与作为井字梁支座的梁，井字梁用单粗虚线表示（当井字梁顶面高出板面时可用单粗实线表示），作为井字梁支座的梁用双细虚线表示（当梁顶面高出板面时可用细实线表示）。

2．井字梁的注写方式说明

井字梁所分布范围称为"矩形平面网格区域"（简称"网格区域"）。当在结构平面布置中仅有由四根框架梁框起的一片网格区域时，所有在该区域相互正交的井字梁均为单跨；当有多片网格区域相连时，贯通多片网格区域的井字梁为多跨，且相邻两片网格区域分界处即为该井字梁的中间支座。对某根井字梁编号时，其跨数为其总支座数减 1；在该梁的任意两个支座之间，无论有几根同类梁与其相交，均不作为支座，如图 4.37 所示。

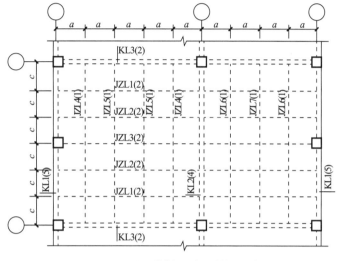

井字梁

（a）井字梁网格区域施工图表达

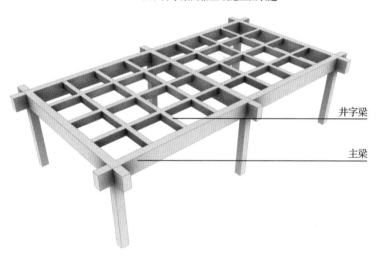

井字梁

主梁

（b）井字梁网格区域三维示意图

图4.37　井字梁网格区域

（1）井字梁的注写方式遵循梁平法施工图平面注写方式，施工图中还会注明纵横两个方向梁相交处同一层面钢筋的上下交错关系，即梁上部或下部的同一层面交错钢筋，哪一根钢筋在上，哪一根钢筋在下，以及在该相交处两个方向梁箍筋的布置要求。

（2）井字梁的端部支座和中间支座上部纵筋的伸出长度（a_0）具体数值原位标注。

（3）当采用平面注写方式时，支座上部纵筋原位标注后加括号，在括号中注写有其伸出长度具体数值，如图4.38所示。

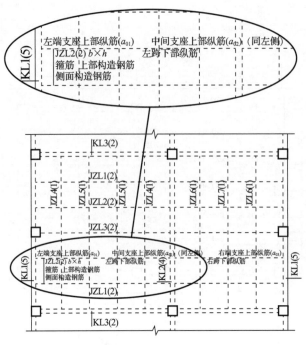

图 4.38 井字梁平面注写方式

【案例解析 4-21】

贯通两片网格区域采用平面注写方式的某井字梁，其中间支座上部纵筋注写为 6$\pm$25 4/2(3200/2400)，表示该位置上部纵筋设置两排，上一排纵筋为 4$\pm$25，自支座边缘向跨内伸出长度 3200mm；下一排纵筋为 2$\pm$25，自支座边缘向跨内伸出长度为 2400mm，如图 4.39 所示。

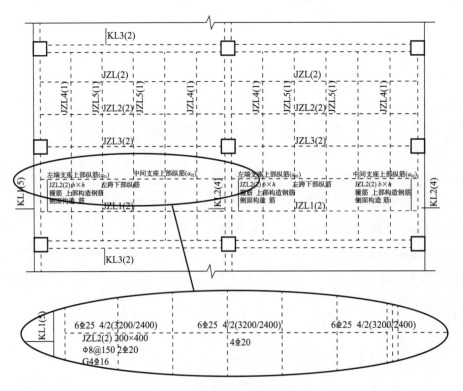

（a）井字梁及其上部纵筋施工图表达

图 4.39 井字梁及其上部纵筋

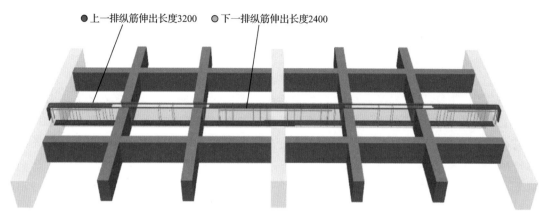

（b）井字梁及其上部纵筋三维示意图

图 4.39　井字梁及其上部纵筋（续）

（4）当采用截面注写方式时，梁端截面配筋图上注写有上部纵筋，并在后加括号内注写其伸出长度具体数值，如图 4.40 所示。

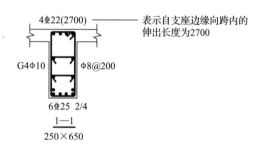

图 4.40　井字梁截面注写方式

3．井字梁识图案例

井字梁识图案例如图 4.41 所示。

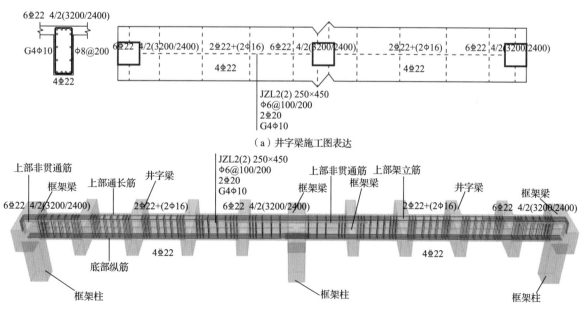

（a）井字梁施工图表达

（b）井字梁三维示意图

图 4.41　井字梁识图案例

知识链接

梁钢筋绑扎的要求

绑扎钢筋时，框架梁上部纵筋应贯穿中间节点，梁下部纵筋伸入中间节点的锚固长度及伸过中心线的长度均要符合设计要求。框架梁纵筋在端节点内的锚固长度也要符合设计要求，绑扎梁上部纵筋的箍筋用套扣法绑扎，箍筋弯钩叠合处在梁中应交错绑扎，梁端第一个箍筋设置在距离柱节点边缘 50mm 处，梁端与柱交接处箍筋加密，其间距及加密长度要符合设计要求，在主次梁受力筋下均加保护层垫块。

本章小结

钢筋混凝土梁是建筑工程中常见的受弯构件，其平法施工图有平面注写和截面注写两种表示方法。其中平面注写包括集中标注和原位标注两种标注方法。楼层框架扁梁和井字梁是两种特殊类型的梁，对其平法施工图进行识读时要特别注意。通过学习本章内容，我们能够掌握各类梁平法施工图的识图方法，并能对识图案例进行识读。

习　题

结合 22G101—1 图集，完成以下习题。

单选题

1. 梁编号为 WKL 代表的是（　　）。

    A. 屋面框架梁 　　　　　　　　B. 框架梁

    C. 框支梁 　　　　　　　　　　D. 悬挑梁

2. 框架梁平法施工图中集中标注内容的选注值为（　　）。

    A. 梁编号 　　　　　　　　　　B. 梁顶面标高高差

    C. 梁箍筋 　　　　　　　　　　D. 梁截面尺寸

3. 梁下部不伸入支座钢筋在（　　）处断开。

    A. 距支座边 $0.05l_n$ 　　　　　　B. 距支座边 $0.5l_n$

    C. 距支座边 $0.01l_n$ 　　　　　　D. 距支座边 $0.1l_n$

4. 框架梁平法施工图中原位标注的内容有（　　）。

　　A．梁编号　　　　　　　　　B．梁支座上部钢筋

　　C．梁箍筋　　　　　　　　　D．梁截面尺寸

5. 框架梁侧面配置的纵向构造筋间距 a 应满足（　　）。

　　A．≤100mm　　　　　　　　B．≤150mm

　　C．≤200mm　　　　　　　　D．≤250mm

6. 下列关于梁、柱平法施工图制图规则的论述，错误的是（　　）。

　　A．梁采用平面注写方式时，原位标注取值优先

　　B．梁原位标注的支座上部纵筋是指该部位不含通长筋在内的所有纵筋

　　C．梁集中标注中受扭筋用"N"打头表示

　　D．梁编号由梁类型代号、序号、跨数及有无悬挑代号几项组成

在线答题

板平法识图

 思维导图

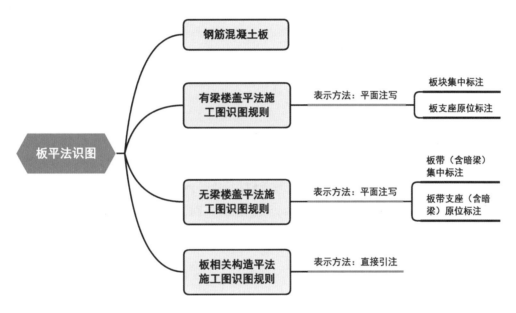

5.1 认识钢筋混凝土板

在建筑结构中，平面尺寸较大而厚度较小的构件称为板。板通常是水平设置（如楼面板），但有时也有斜向设置的，如坡度较大的屋面板等。板在房屋建筑中是不可缺少的，用途非常广泛，如屋面板、楼面板、基础底板、楼梯板、雨篷、阳台板等。

板主要承受垂直于板面的各种荷载，是典型的受弯构件，按其受弯情况，可分为单向板与双向板；按其支承情况，还可分为简支板与多跨连续板。

钢筋混凝土板强度高、刚度大、耐久性和耐火性好，还具有良好的可塑性，便于工业化生产和施工，是目前我国各类建筑中楼板的基本形式。

5.2 有梁楼盖平法施工图识图规则

5.2.1 有梁楼盖平法施工图的表示方法

有梁楼盖平法注写规则适用于以梁（墙）为支座的楼面板、屋面板或悬挑板的平法施工图。

有梁楼盖平法施工图，是在楼面板和屋面板布置图上，采用平面注写的表达方式。板平面注写主要包括板块集中标注和板支座原位标注。

为方便设计表达和施工识图，结构平面的坐标方向规定如下。

（1）当两向轴网正交布置时，图面从左至右为 x 向，从下至上为 y 向。

（2）当轴网转折时，局部坐标方向顺轴网转折角度做相应转折。

（3）当轴网向心布置时，切向为 x 向，径向为 y 向。此外，对于平面布置比较复杂的区域，如轴网转折交界区域、向心布置的核心区域等，其平面坐标方向在图上有明确表示。

5.2.2 板块集中标注

1. 板块集中标注的内容

板块集中标注的内容有板块编号、板厚、纵筋及板面标高高差，其中纵筋指板块的下部纵筋和上部贯通纵筋。

1）板块编号

（1）板块编号规定。

对于普通楼面，两向均以一跨为一板块；对于密肋楼盖，两向主梁（框架梁）均以一跨为一板块（非主梁密肋不计）。所有板块逐一编号，相同编号的板块可选择其中一块做集中标注，其他仅注写置于圆圈内的板块编号，以及当板面标高不同时的标高高差。板块编号规定如表 5-1 所示。

表 5-1　板块编号规定

板类型	类型代号	序　号
楼面板	LB	× ×
屋面板	WB	× ×
悬挑板	XB	× ×

（2）板类型的含义。

① 楼面板是一种分隔承重构件，是楼层中的承重部分，它将房屋垂直方向分隔为若干层，并把人和家具等竖向荷载及楼板自重通过墙体、梁或柱传给基础，如图5.1所示。

② 屋面板是可直接承受屋面风荷载、雪荷载、雨荷载、室外温度应力荷载及其他荷载的板，如图5.1所示。

③ 悬挑板是上部受拉的结构，板下没有直接的竖向支撑，靠板自身或者板下面的悬挑梁来承受（传递）竖向荷载，如图5.1所示。

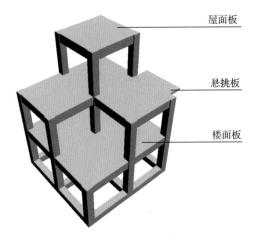

图5.1 楼面板、屋面板、悬挑板

2）板厚

板厚注写为 $h=\times\times\times$（为垂直于板面的厚度）。当悬挑板的端部改变截面厚度时，用斜线分隔根部与端部的高度值，注写为 $h=\times\times\times/\times\times\times$。当图注中已统一注明板厚时，此项可不注写。

3）纵筋

纵筋按板块的下部纵筋和上部贯通纵筋分别注写（当板块上部不设贯通纵筋时不注写），并以"B"代表下部纵筋，以"T"代表上部贯通纵筋，"B&T"代表下部与上部纵筋配置相同。x 向纵筋以"X"打头注写，y 向纵筋以"Y"打头注写，两向纵筋配置相同时则以"X&Y"打头注写。

（1）当为单向板时，分布筋可不必注写，而在图中统一注明。当在某些板内（如在悬挑板的下部）配置构造筋时，x 向以"Xc"打头，y 向以"Yc"打头。

（2）当 y 向采用放射配筋时（切向为 x 向，径向为 y 向），施工图中会注明配筋间距的定位尺寸。

（3）当纵筋采用两种规格钢筋"隔一布一"配置时，表达为 $xx/yy@\times\times\times$，表示直径为 xx 的钢筋和直径为 yy 的钢筋间距相同，两者组合后的实际间距为 $\times\times\times$。直径 xx 的钢筋的间距为 $\times\times\times$ 的 2 倍，直径 yy 的钢筋的间距为 $\times\times\times$ 的 2 倍。

【案例解析 5-1】

LB5 $h=110$

B:X⊈12@125

　　Y⊈10@110

表示编号为 5 号的楼面板，其板厚为 110mm。板下部配置的纵筋 x 向为 ⊈12@125，y 向为 ⊈10@110；板上部未配置贯通纵筋，如图 5.2 所示。

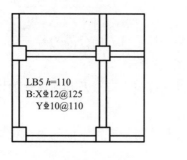

（a）楼面板注写施工图表达

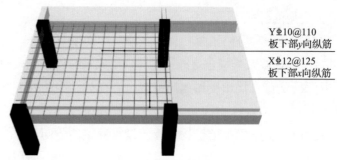

（b）楼面板三维示意图

图5.2 楼面板下部纵筋

【案例解析5-2】

LB5 *h*=110

B:X⊈10/12@100

  Y⊈10@110

表示编号为5号楼面板，其板厚为110mm。板下部配置的纵筋*x*向为直径10mm和直径12mm的HRB400级钢筋隔一布一，二者间距为100mm，*y*向为⊈10@110；板上部未配置贯通纵筋，如图5.3所示。

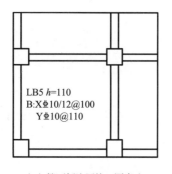

（a）楼面板注写施工图表达

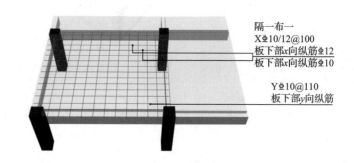

（b）楼面板三维示意图

图5.3 楼面板下部纵筋隔一布一

【案例解析5-3】

XB2 *h*=150/100

B:Xc&Yc⊈8@200

表示编号为2号的悬挑板，其板根部厚度为150mm，端部厚度为100mm，板下部配置构造筋双向均为⊈8@200（上部纵筋见板支座原位标注），如图5.4所示。

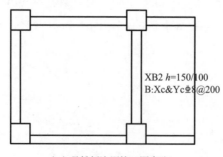

（a）悬挑板注写施工图表达

图5.4 悬挑板下部配置构造筋

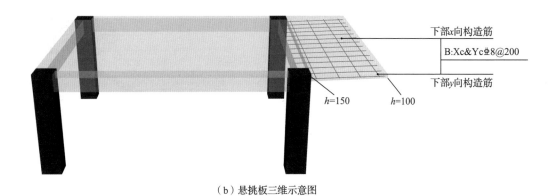

下部x向构造筋

B:Xc&Yc⏀8@200

下部y向构造筋

$h=150$　　$h=100$

（b）悬挑板三维示意图

图5.4　悬挑板下部配置构造筋（续）

注：悬挑板底部的受力钢筋采用直锚的形式在梁混凝土中锚固，这是因为板底部受力钢筋采用了HRB400级钢筋。它是一种带肋钢筋，可增大钢筋与混凝土之间的握裹力。如果采用HPB300级光圆钢筋作为板底部受力钢筋，必须将钢筋端头弯折成180°弯钩在梁中锚固。

4）板面标高高差

板面标高高差，是指相对于结构层楼面标高的高差，其注写在括号内，只在有高差时注写，无高差时则不注写。

2．板块集中标注补充说明

同一编号板块的类型、板厚和贯通纵筋均应相同，但板面标高、跨度、平面形状以及板支座上部非贯通纵筋可以不同，如同一编号板块的平面形状可为矩形、多边形及其他形状等。做施工预算时，应根据其实际平面形状，分别计算各块板的混凝土与钢筋用量。

5.2.3　板支座原位标注

1．板支座原位标注的内容

板支座原位标注的内容有板支座上部非贯通纵筋和悬挑板上部受力筋。

板支座原位标注的钢筋，在配置相同跨的第一跨表达（当在梁悬挑部位单独配置时则在原位表达），是在配置相同跨的第一跨（或梁悬挑部位），垂直于板支座（梁或墙）绘制的一段适宜长度的中粗实线（当该筋通长设置在悬挑板或短跨板上部时，实线段画至对边或贯通短跨）。该线段代表支座上部非贯通纵筋，在线段上方注写有钢筋编号（如①、②等）、配筋值、横向连续布置的跨数（注写在括号内，当为一跨时不注写），以及是否横向布置到梁的悬挑端。

1）板支座上部非贯通纵筋

（1）板支座上部非贯通纵筋自支座边线向跨内的伸出长度，注写在线段的下方位置。

（2）当中间支座上部非贯通纵筋向支座两侧对称伸出时，伸出长度可仅在支座一侧线段下方注写，另一侧不注写，如图5.5所示；当向支座两侧非对称伸出时，伸出长度分别在支座两侧线段下方注写，如图5.6所示。

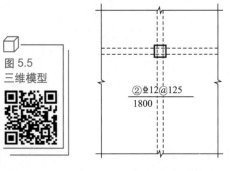

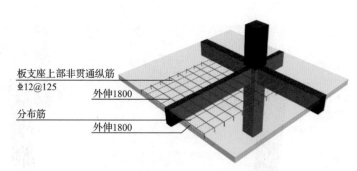

（a）板支座上部非贯通纵筋施工图表达   （b）板支座上部非贯通纵筋三维示意图

图 5.5　板支座上部非贯通纵筋对称伸出

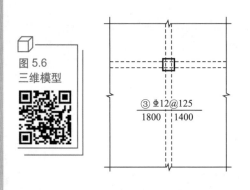

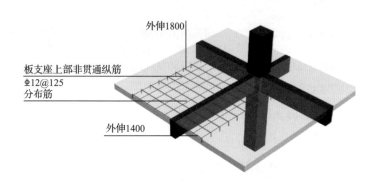

（a）板支座上部非贯通纵筋施工图表达   （b）板支座上部非贯通纵筋三维示意图

图 5.6　板支座上部非贯通纵筋非对称伸出

（3）施工图中，钢筋线段画至板块对边的贯通全跨或贯通全悬挑长度的上部通长纵筋，贯通全跨（图 5.7）或贯通全悬挑长度一侧（图 5.8）的长度值不注写，只注明纵筋非贯通一侧的伸出长度值。

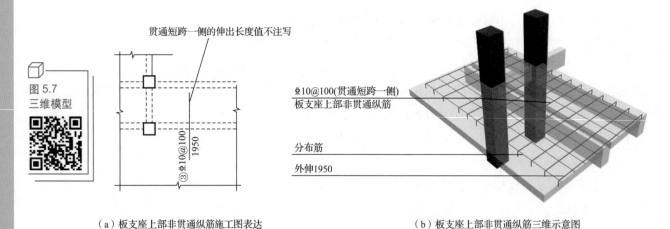

（a）板支座上部非贯通纵筋施工图表达   （b）板支座上部非贯通纵筋三维示意图

图 5.7　板支座上部非贯通纵筋一跨贯通、一跨非贯通

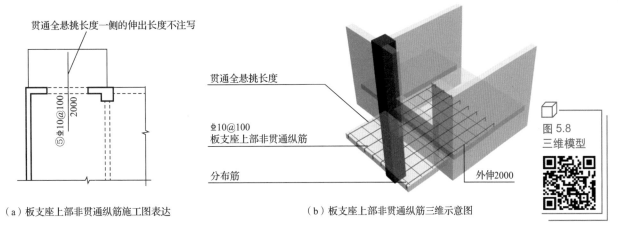

（a）板支座上部非贯通纵筋施工图表达　　　　　（b）板支座上部非贯通纵筋三维示意图

图 5.8　板支座上部非贯通纵筋一侧贯通全悬挑长度

（4）当板支座为弧形，支座上部非贯通纵筋呈放射状分布时，施工图中会注明配筋间距的度量位置并加注"放射分布"四个字，必要时还会补绘平面配筋图，如图 5.9 所示。

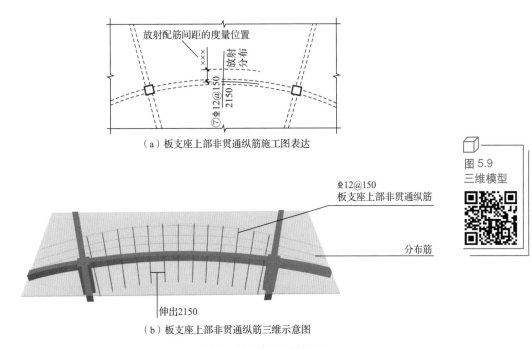

（a）板支座上部非贯通纵筋施工图表达

（b）板支座上部非贯通纵筋三维示意图

图 5.9　弧形支座处放射非贯通纵筋

2）悬挑板上部受力筋

（1）悬挑板上部受力筋兼作相邻跨板支座上部非贯通纵筋的注写方式如图 5.10 所示，锚固在支座内的注写方式如图 5.11 所示。当悬挑板端部厚度不小于 150mm 时，施工应按 22G101—1 标准构造详图中的无支承板端部封边构造执行，如图 5.12 所示。此外，悬挑板的悬挑阳角、阴角上部放射筋的表示方法，详见本书 5.4.2 节。

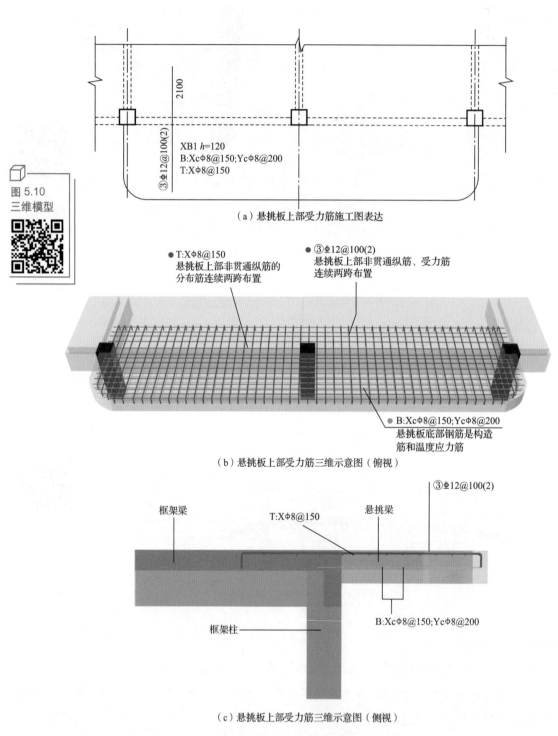

图 5.10
三维模型

（a）悬挑板上部受力筋施工图表达

XB1 $h=120$
B:Xcϕ8@150;Ycϕ8@200
T:Xϕ8@150

③Φ12@100(2)
2100

● T:Xϕ8@150
悬挑板上部非贯通纵筋的
分布筋连续两跨布置

● ③Φ12@100(2)
悬挑板上部非贯通纵筋、受力筋
连续两跨布置

● B:Xcϕ8@150;Ycϕ8@200
悬挑板底部钢筋是构造
筋和温度应力筋

（b）悬挑板上部受力筋三维示意图（俯视）

③Φ12@100(2)

框架梁

T:Xϕ8@150

悬挑梁

框架柱

B:Xcϕ8@150;Ycϕ8@200

（c）悬挑板上部受力筋三维示意图（侧视）

图 5.10　兼作相邻跨板支座上部非贯通纵筋的悬挑板上部受力筋

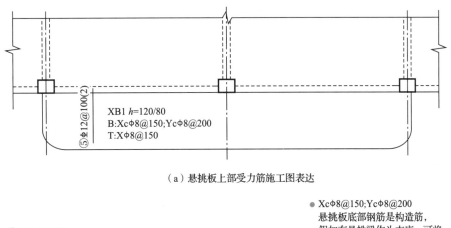

（a）悬挑板上部受力筋施工图表达

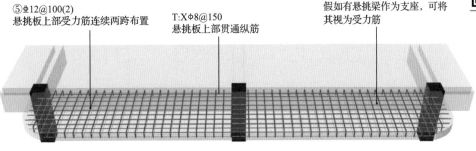

（b）悬挑板上部受力筋三维示意图

图 5.11　锚固在支座内的悬挑板上部受力钢筋

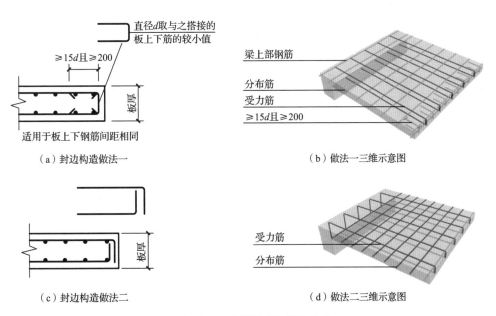

（a）封边构造做法一　　　　　　　　　　（b）做法一三维示意图

（c）封边构造做法二　　　　　　　　　　（d）做法二三维示意图

图 5.12　无支承板端部封边构造

（2）在板平面布置图中，不同部位的板支座上部非贯通纵筋及悬挑板上部受力筋，可仅在一个部位注写，对其他相同的钢筋则仅在代表钢筋的线段上注写编号及横向连续布置的跨数。此外，与板支座上部非贯通纵筋垂直且绑扎在一起的构造筋或分布筋，在施工图中注明。

【案例解析5-4】

在板平面布置图的某部位，横跨支承梁绘制的钢筋实线段上注有⑦Φ12@100(5A)和1500，表示支座上部7号非贯通纵筋为Φ12@100，从该跨起沿支承梁连续布置5跨，梁一端的悬挑端，该钢筋自支座边线向两侧跨内的伸出长度均为1500mm。在同一板平面布置图的另一部位横跨梁支座绘制的钢筋实线段上注有⑦(2)，表示该筋同7号纵筋，沿支承梁连续布置2跨，但无悬挑端，如图5.13所示。

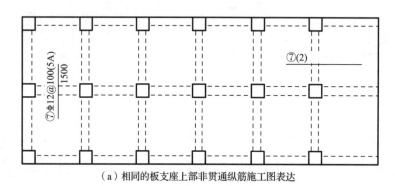

（a）相同的板支座上部非贯通纵筋施工图表达

（b）相同的板支座上部非贯通纵筋三维示意图

图5.13　相同的板支座上部非贯通纵筋

2. 板支座原位标注补充说明

当板的上部已配置贯通纵筋，但需增配板支座上部非贯通纵筋时，板支座上部非贯通纵筋结合已配置的同向贯通纵筋的直径与间距采取"隔一布一"的方式配置。

"隔一布一"，即非贯通纵筋的标注间距与贯通纵筋相同，两者组合后的实际间距为各自标注间距的1/2。

【案例解析 5-5】

板上部已配置贯通纵筋 ⊈12@250，该跨同向配置的板支座上部同向非贯通纵筋为⑤⊈12@250，表示在该支座上部设置的实际纵筋为⊈12@125，其中 1/2 为贯通纵筋，1/2 为⑤号非贯通纵筋（伸出长度值略），如图 5.14 所示。

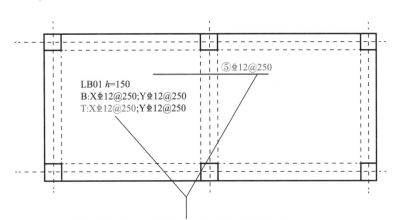

（a）板上部纵筋施工图表达

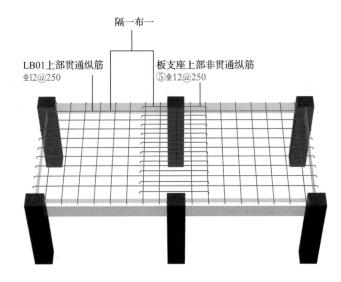

（b）板上部纵筋三维示意图

图 5.14　板支座上部非贯通纵筋与板上部贯通纵筋隔一布一布置（直径相同）

【案例解析 5-6】

板上部已配置贯通纵筋 ⊈10@250，该跨配置的板支座上部同向非贯通纵筋为③⊈12@250，表示该跨实际设置的上部纵筋为直径 10mm 和直径 12mm 的 HRB400 级钢筋隔一布一，间距为 125mm，如图 5.15 所示。

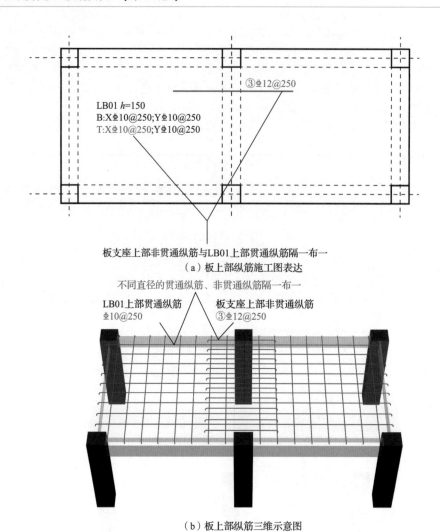

LB01 *h*=150
B:X⏀10@250;Y⏀10@250
T:X⏀10@250;Y⏀10@250

③⏀12@250

板支座上部非贯通纵筋与LB01上部贯通纵筋隔一布一
（a）板上部纵筋施工图表达

不同直径的贯通纵筋、非贯通纵筋隔一布一

LB01上部贯通纵筋
⏀10@250

板支座上部非贯通纵筋
③⏀12@250

（b）板上部纵筋三维示意图

图 5.15　板支座上部非贯通纵筋与板上部贯通纵筋隔一布一布置（直径不同）

5.2.4　有梁楼盖平法施工图识图案例

有梁楼盖平法施工图识图案例如图 5.16 所示。

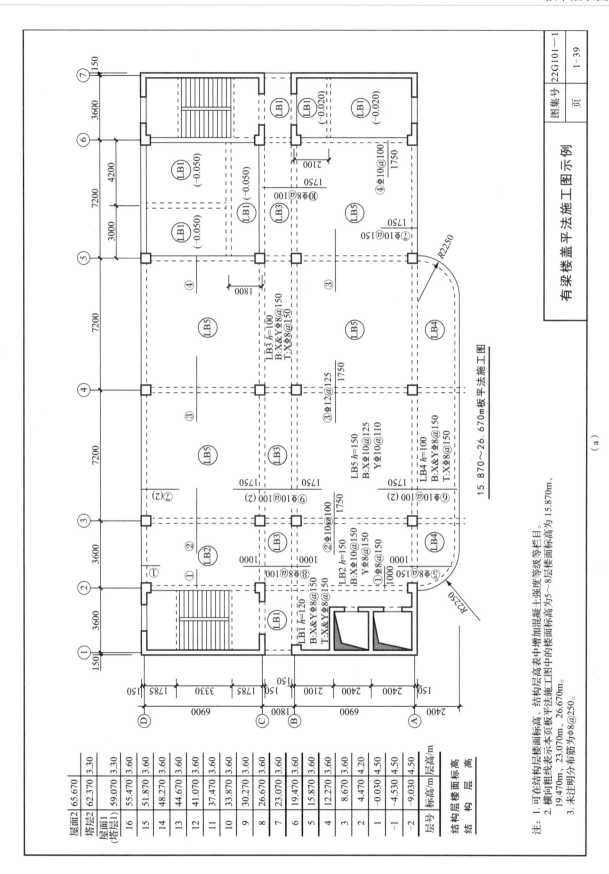

图 5.16　有梁楼盖平法识图图案例

（a）

有梁楼盖平法施工图示例

	图集号	22G101—1
	页	1—39

15.870～26.670m板平法施工图

结 构 层 楼 面 标 高		
结 构 层 高		
屋面2	65.670	
塔层2	62.370	3.30
屋面1 （塔层1）	59.070	3.30
16	55.470	3.60
15	51.870	3.60
14	48.270	3.60
13	44.670	3.60
12	41.070	3.60
11	37.470	3.60
10	33.870	3.60
9	30.270	3.60
8	26.670	3.60
7	23.070	3.60
6	19.470	3.60
5	15.870	3.60
4	12.270	3.60
3	8.670	4.20
2	4.470	4.50
1	-0.030	4.50
-1	-4.530	4.50
-2	-9.030	
层号	标高/m	层高/m

注：1. 可在结构层楼面标高、结构层高表中增加混凝土强度等级等栏目。
　　2. 横向粗线表示本页板平法施工图中的楼面标高为5～8层楼面标高15.870m，19.470m、23.070m、26.670m。
　　3. 未注明分布筋为Φ8@250。

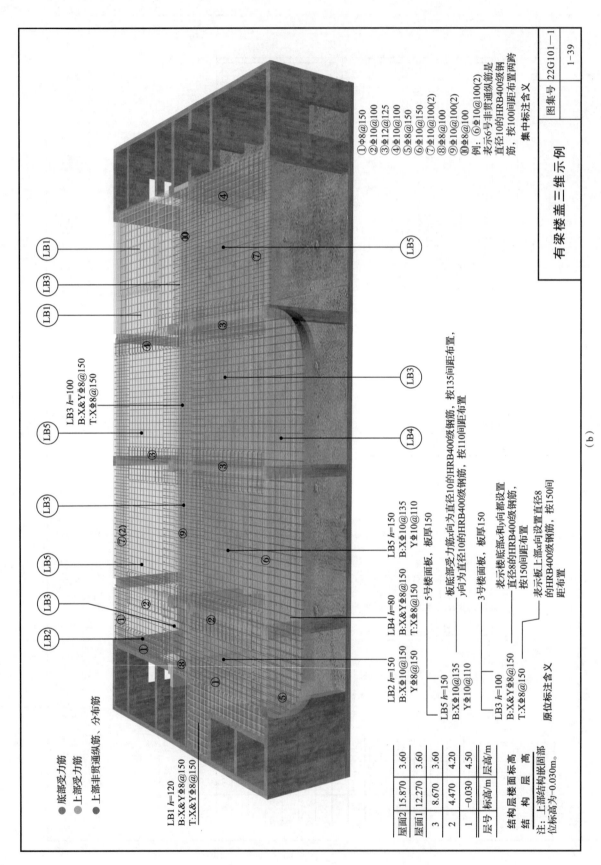

图集号 22G101—1

1-39

有梁楼盖三维示例

①Φ8@150
②Φ10@100
③Φ12@125
④Φ10@100
⑤Φ8@150
⑥Φ10@150
⑦Φ10@100(2)
⑧Φ8@100
⑨Φ10@100(2)
⑩Φ8@100

例：⑥Φ10@100(2)

表示6号非贯通纵筋是直径10的HRB400级钢筋，按100间距布置两跨钢筋，集中标注含义

LB3 h=100
B:X&YΦ8@150
T:XΦ8@150

LB5 h=150
B:XΦ10@135 Y:Φ10@110
板厚150

板底部受力筋x向为直径10的HRB400级钢筋，按135间距布置，
y向为直径10的HRB400级钢筋，按110间距布置

5号楼面板，板厚150

3号楼面板，板厚150

表示楼板底x向和y向都设置
直径8的HRB400级钢筋，
按150间距布置

表示板x向设置直径8
的HRB400级钢筋，按150间距布置

LB4 h=80
B:X&YΦ8@150
T:XΦ8@150

LB2 h=150
B:XΦ10@150 Y:Φ8@150

LB5 h=150
B:XΦ10@135 Y:Φ10@110

LB3 h=100
B:X&YΦ8@150
T:XΦ8@150

原位标注含义

● 底部受力筋
● 上部受力筋
● 上部非贯通纵筋、分布筋

LB1 h=120
B:X&YΦ8@150
T:X&YΦ8@150

层号	标高/m	层高/m
屋面2	15.870	3.60
屋面1	12.270	3.60
3	8.670	3.60
2	4.470	4.20
1	-0.030	4.50

结构层楼面标高
结 构 层 高

注：上部结构嵌固部位标高为-0.030m。

图 5.16 有梁楼盖平法施工图识图案例（续）

(b)

特别提示

对于板上部纵筋在端支座（梁、剪力墙顶）的锚固要求，22G101—1 中规定：当设计按铰接时，平直段伸至端支座对边后弯折，且平直段长度 $> 0.35l_{ab}$，弯后直段长度为 $12d$（d 为纵向钢筋直径）；当充分利用钢筋的抗拉强度时，平直段伸至端支座对边后弯折，且平直段长度 $\geqslant 0.6l_{ab}$，弯后直段长度为 $12d$。

板纵筋的连接可采用绑扎搭接、机械连接或焊接，其连接位置详见 22G101—1 中相应的标准构造详图。当板纵筋采用非接触方式的搭接连接时，其搭接部位的钢筋净距不宜小于 30mm，且钢筋中心距不应大于 $0.2l_l$ 及 150mm 的较小者。

5.3 无梁楼盖平法施工图识图规则

5.3.1 无梁楼盖平法施工图的表示方法

无梁楼盖平法施工图，是在楼面板和屋面板布置图上，采用平面注写的表达方式。板平面注写主要有板带集中标注、板带支座原位标注两部分内容。

5.3.2 板带集中标注

板带集中标注注写在板带贯通纵筋配置相同跨的第一跨（x 向为左端跨，y 向为下端跨）。相同编号的板带可择其一做集中标注，其他仅注写板带编号。

板带集中标注的具体内容有板带编号、板带厚、板带宽和贯通纵筋。

（1）板带编号。

板带编号规定如表 5-2 所示。

表 5-2　板带编号规定

板带类型	类型代号	序　号	跨数及有无悬挑
柱上板带	ZSB	××	（××）、（××A）或（××B）
跨中板带	KZB	××	（××）、（××A）或（××B）

注：1. 跨数按柱网轴线计算（两相邻柱轴线之间为一跨）。
　　2.（××A）为一端有悬挑，（××B）为两端有悬挑，悬挑不计入跨数。

（2）板带厚、板带宽。

板带厚注写为 $h=×××$，板带宽注写为 $b=×××$。当无梁楼盖整体厚度和板带宽度已在施工图中注明时，此项可不注写。

（3）贯通纵筋。

贯通纵筋按板带下部和板带上部分别注写，并以"B"代表下部，"T"代表上部，"B&T"代表下部和上部。当采用放射配筋时，施工图中会注明配筋间距的度量位置，必要时还会补绘配筋平面图。

【案例解析 5-7】

ZSB2(5A) $h=300$ $b=3000$

BΦ16@100;TΦ18@200

表示 2 号柱上板带，5 跨，一端有悬挑；板带厚 300mm，宽 3000mm；板带配置的贯通纵筋下部为 Φ16@100，上部为 Φ18@200，如图 5.17 所示。

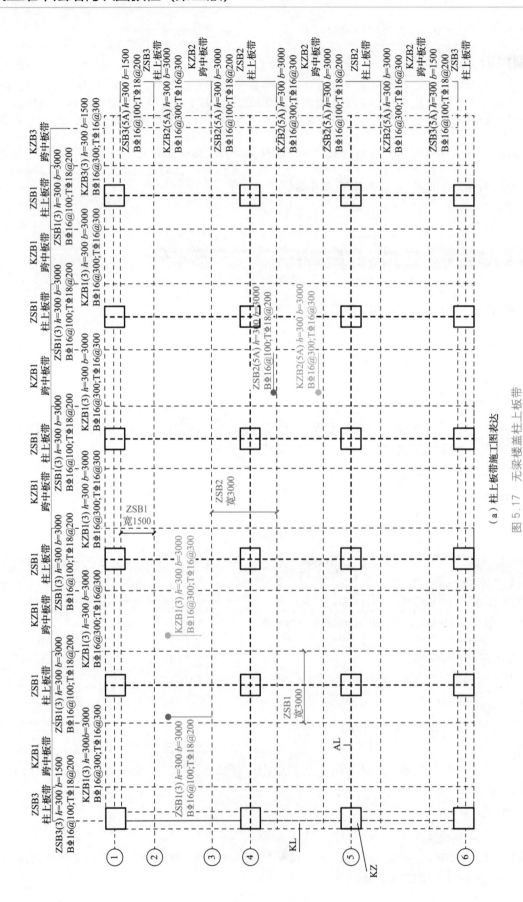

（a）柱上板带施工图表达

图 5.17　无梁楼盖柱上板带

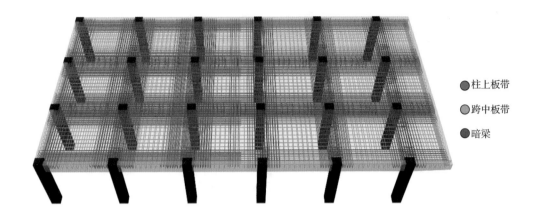

（b）柱上板带三维示意图

图 5.17　无梁楼盖柱上板带（续）

注：该图只展示了无梁楼盖平法施工图的柱上板带、跨中板带和暗梁配筋，附加贯通纵筋未绘制。

🔘 特别提示

当局部区域的板面标高与整体不同时，应在无梁楼盖的板平法施工图上注明板面标高高差及分布范围。

5.3.3　板带支座原位标注

1. 板带支座原位标注的内容

板带支座原位标注的具体内容为板带支座上部非贯通纵筋。

2. 板带支座原位标注的方法

板带支座原位标注时，以一段与板带同向的中粗实线段代表板带支座上部非贯通纵筋；对柱上板带，实线段贯穿柱上区域绘制；对跨中板带，实线段横贯柱网轴线绘制。在线段上应注写钢筋编号、配筋值，并在线段的下方注写自支座中线向两侧跨内的伸出长度。

3. 板带支座原位标注注意事项

（1）当板带支座非贯通纵筋自支座中线向两侧对称伸出时，其伸出长度可仅在一侧注写；当配置在有悬挑端的边柱上时，该筋伸出到悬挑尽端，无须注明。当支座上部非贯通纵筋呈放射分布时，施工图中会注明配筋间距的定位位置。

（2）不同部位的板带支座上部非贯通纵筋相同时，可仅注写在其中一个部位，其余则在代表非贯通纵筋的线段上注写钢筋编号。

【案例解析 5-8】

设有平面布置图的某部位，在横跨板带支座绘制的对称线段上注有⑦ ⏀18@250，在线段一侧的下方注有 1500。标注表示支座上部⑦号非贯通纵筋为 ⏀18@250，自支座中线向两侧跨内的伸出长度均为 1500mm，如图 5.18 所示。

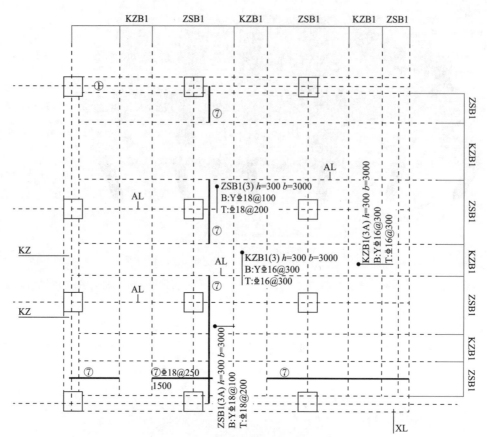

（a）相同板带支座上部非贯通纵筋施工图表达

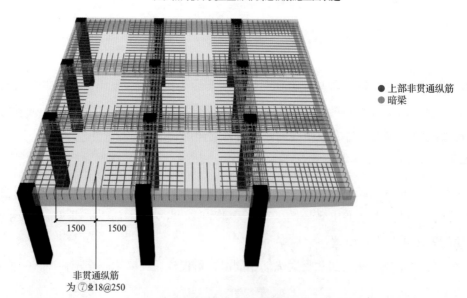

● 上部非贯通纵筋
● 暗梁

非贯通纵筋
为⑦±18@250

（b）相同板带支座上部非贯通纵筋三维示意图

图 5.18　无梁楼盖板带支座上部非贯通纵筋相同时的原位标注

（3）当板带上部已经配有贯通纵筋，但需增加配置板带支座上部非贯通纵筋时，会结合已配同向贯通纵筋的直径与间距，采用"隔一布一"的方式配置。

【案例解析 5-9】

设有一板带上部已配置贯通纵筋 ±18@250，板带支座上部非贯通纵筋为 ⑤ ±18@250，则板带在该位置实际配置的上部纵筋为 Φ18@125，其中 1/2 为贯通纵筋，1/2 为⑤号非贯通纵筋，如图 5.19 所示。

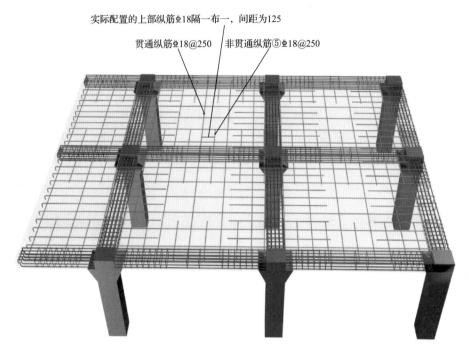

实际配置的上部纵筋Φ18隔一布一，间距为125

贯通纵筋Φ18@250　非贯通纵筋⑤Φ18@250

图 5.19　无梁楼盖板带上部纵筋隔一布一三维示意图（直径相同）

【案例解析 5-10】

设有一板带上部已配置贯通纵筋 Φ18@250，板带支座上部非贯通纵筋为③ Φ20@250，则板带在该位置实际配置的上部纵筋为直径 18mm 和直径 20mm 的 HRB400 级钢筋隔一布一，二者之间距离为 125mm，如图 5.20 所示。

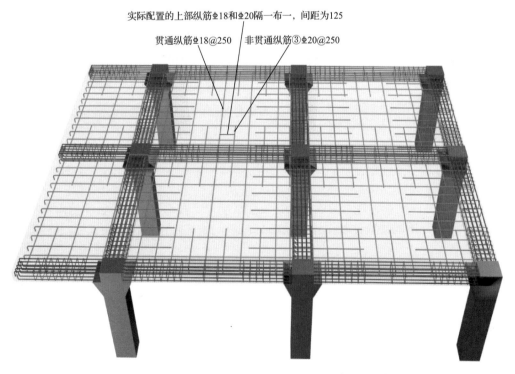

实际配置的上部纵筋Φ18和Φ20隔一布一，间距为125

贯通纵筋Φ18@250　非贯通纵筋③Φ20@250

图 5.20　无梁楼盖板带上部纵筋隔一布一三维示意图（直径不同）

5.3.4　暗梁的表示方法

1. 暗梁平面注写的内容

无梁楼盖的板带中可能设有暗梁。暗梁平面注写包括暗梁集中标注、暗梁支座原位标注两部分内容。施工图中在柱轴线处画中粗虚线表示暗梁。

2. 暗梁集中标注

暗梁集中标注包括暗梁编号、暗梁截面尺寸（箍筋外皮宽度×板厚）、暗梁箍筋、暗梁上部通长筋或架立筋四部分内容。

暗梁编号规定如表 5-3 所示，其他注写方式与 4.2.2 节梁集中标注相同。图 5.21 所示为平法施工图中暗梁的注写示意。

表 5-3　暗梁编号规定

构件类型	类型代号	序　号	跨数及有无悬挑
暗梁	AL	××	（××）、（××A）或（××B）

注：1. 跨数按柱网轴线计算（两相邻柱轴线之间为一跨）。
　　2.（××A）为一端有悬挑，（××B）为两端有悬挑，悬挑不计入跨数。

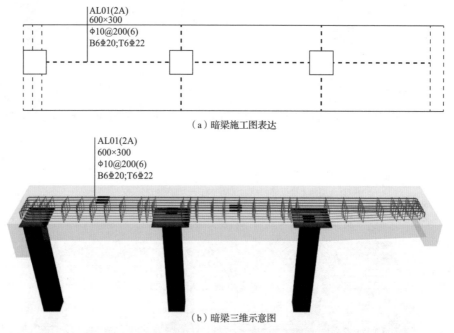

（a）暗梁施工图表达

（b）暗梁三维示意图

图 5.21　平法施工图中暗梁的注写示意

3. 暗梁支座原位标注

暗梁支座原位标注包括梁支座上部纵筋、梁下部纵筋。当在暗梁上集中标注的内容不适用于某跨或某悬挑端时，则将其不同数值注写在该跨或该悬挑端，施工时按原位标注识读。注写方式与 4.2.2 节梁原位标注相同。

4. 柱上板带及跨中板带标注方式

当设置暗梁时，柱上板带及跨中板带标注方式与 5.3.2 节、5.3.3 节相同。柱上板带标注的配筋仅设置在暗梁之外的柱上板带范围内。

5.3.5　无梁楼盖平法施工图识图案例

无梁楼盖平法施工图识图案例如图 5.22 所示。

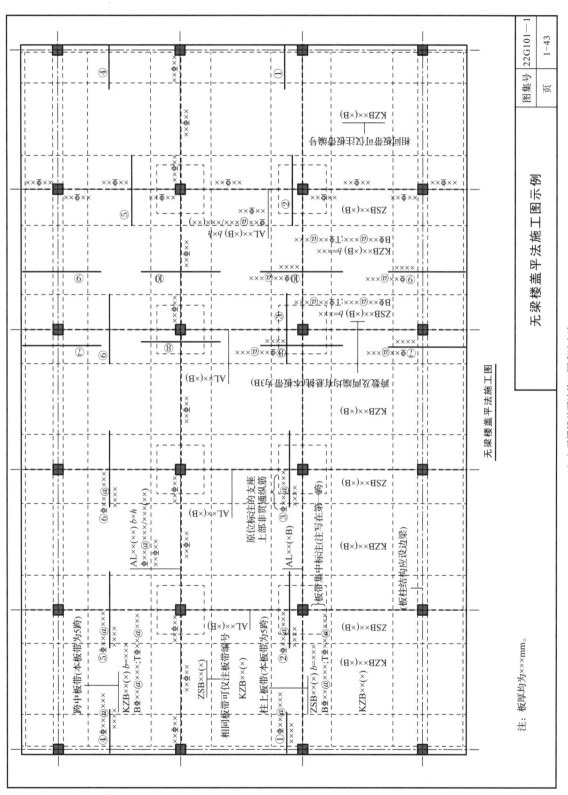

无梁楼盖平法施工图

无梁楼盖平法施工图示例

注：板厚均为×××mm。

图集号	22G101—1
页	1-43

（a）无梁楼盖平法施工图表达方法

图5.22 无梁楼盖平法施工图识图图案例

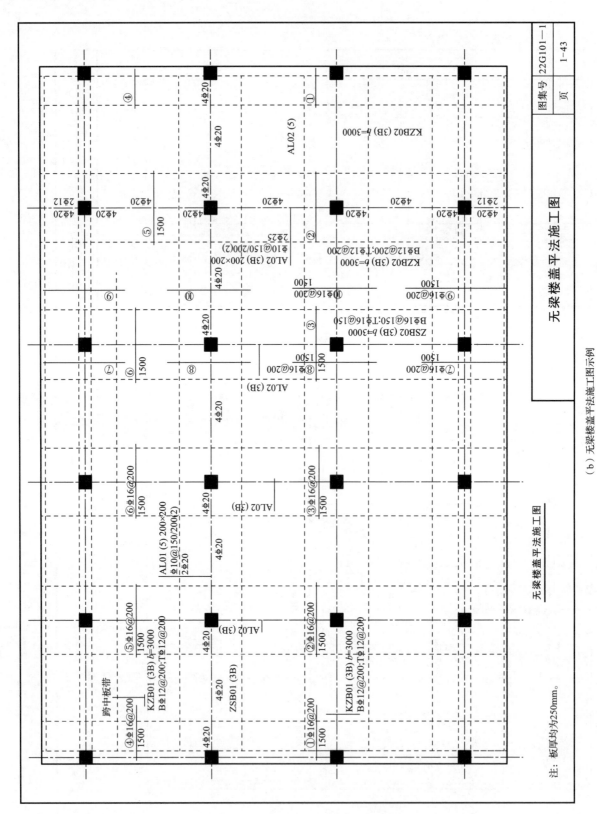

图 5.22　无梁楼盖平法施工图识图图案例（续）

（b）无梁楼盖平法施工图图示例

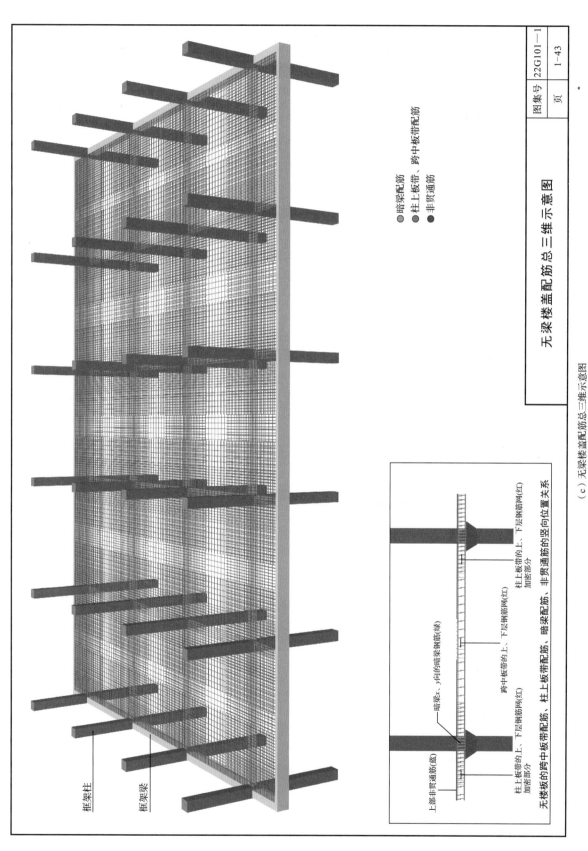

框架柱

框架梁

● 暗梁配筋
● 柱上板带、跨中板带配筋
● 非贯通筋

无梁楼盖配筋总三维示意图

（c）无梁楼盖配筋总三维示意图

图5.22　无梁楼盖平法施工图图识读图案例（续）

图集号	22G101—1
页	1-43

上部非贯通筋（蓝）

柱上板带的上、下层钢筋网（红）加密部分

无楼板的跨中板带配筋、柱上板带配筋、暗梁配筋、非贯通筋的竖向位置关系

跨中板带的上、下层钢筋网（续）

暗梁x、y向的暗梁钢筋（续）

柱上板带的上、下层钢筋网（红）加密部分

跨中板带的上、下层钢筋网（红）

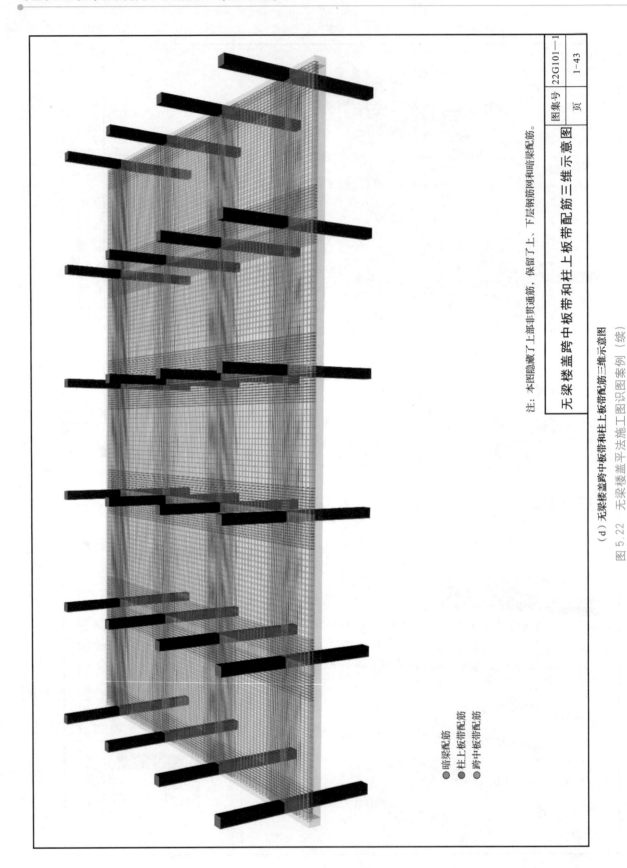

- 暗梁配筋
- 柱上板带配筋
- 跨中板带配筋

注：本图隐藏了上部非贯通筋，保留了上、下层钢筋网和暗梁配筋。

无梁楼盖中板带跨中板带和柱上板带配筋三维示意图

图集号	22G101—1
页	1-43

（d）无梁楼盖中板带跨中板带和柱上板带配筋三维示意图

图 5.22 无梁楼盖平法施工图识图案例（续）

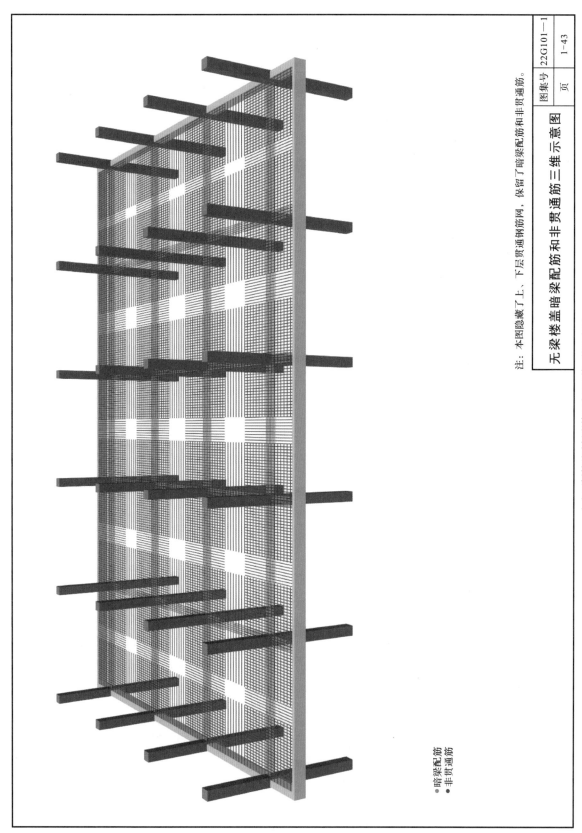

注：本图隐藏了上、下层贯通钢筋网，保留了暗梁配筋和非贯通筋。

无梁楼盖暗梁配筋和非贯通筋三维示意图

图集号	22G101—1
页	1-43

● 暗梁配筋
● 非贯通筋

（e）无梁楼盖暗梁配筋和非贯通筋三维示意图

图 5.22 无梁楼盖平法施工图识图图案例（续）

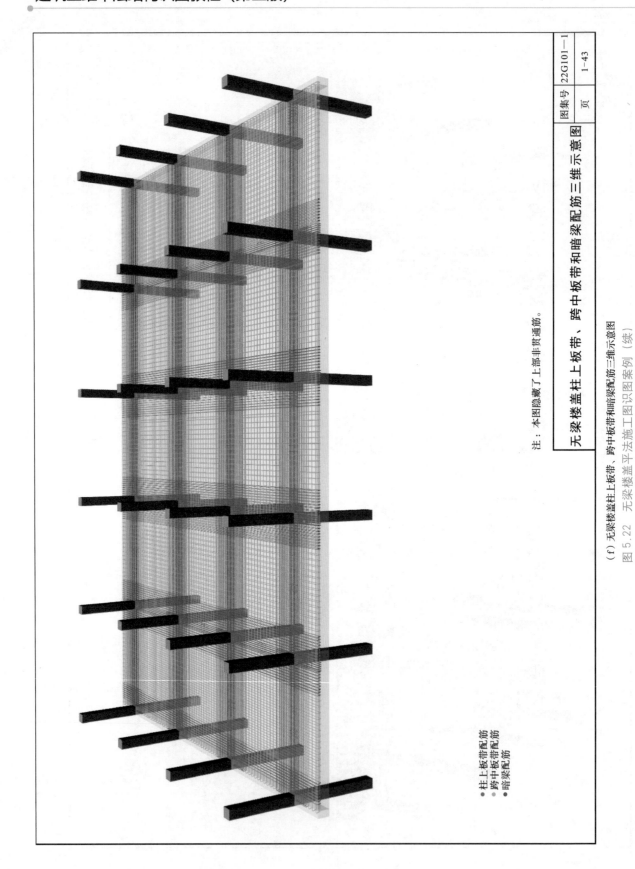

柱上板带配筋
跨中板带配筋
暗梁配筋

注：本图隐藏了上部非贯通筋。

无梁楼盖柱上板带、跨中板带和暗梁配筋三维示意图

图集号	22G101—1
页	1—43

（f）无梁楼盖柱上板带、跨中板带和暗梁配筋三维示意图

图 5.22　无梁楼盖平法施工图识图案例（续）

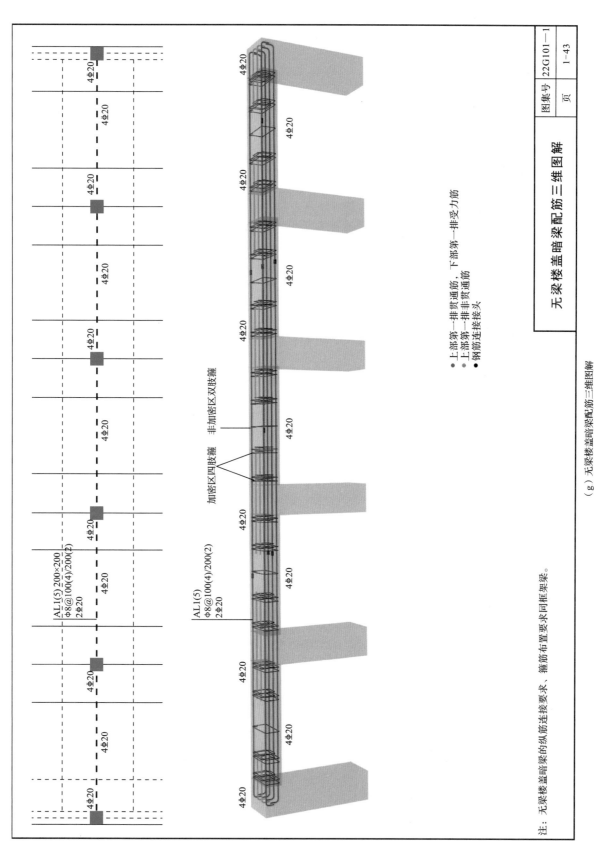

无梁楼盖暗梁配筋三维图解

- 上部第一排贯通筋，下部第一排受力筋
- 上部第一排非贯通筋
- 钢筋连接头

AL1(5) 200×200
Φ8@100(4)/200(2)
2Φ20

AL1(5)
Φ8@100(4)/200(2)
2Φ20

加密区四肢箍 非加密区双肢箍

4Φ20

（g）无梁楼盖暗梁配筋三维图解

图5.22 无梁楼盖平法施工图识图案例（续）

注：无梁楼盖暗梁的纵筋连接要求、箍筋布置要求要同框架梁。

特别提示

对于无梁楼盖跨中板带上部纵筋在梁端支座的锚固要求，22G101—1中规定：当设计按铰接时，平直段伸至端支座对边后弯折，且平直段长度 $\geqslant 0.35l_{ab}$，弯后直段长度为 $12d$（d 为纵筋直径）；当充分利用钢筋的抗拉强度时，直段伸至端支座对边后弯折，且平直段长度 $\geqslant 0.6l_{ab}$，弯后直段长度为 $12d$。

无梁楼盖跨中板带支承在剪力墙顶的端节点，当板上部纵筋充分利用钢筋的抗拉强度时（锚固在支座中），直段伸至端支座对边后弯折，且平直段长度 $\geqslant 0.6l_{ab}$，弯后直段长度为 $12d$；当设计考虑墙外侧竖向钢筋与板上部纵向受力钢筋搭接传力时，应满足搭接长度要求。

板纵筋的连接可采用绑扎搭接、机械连接或焊接，其连接位置详见22G101—1中相应的标准构造详图。当板纵筋采用非接触方式的搭接连接时，其搭接部位的钢筋净距不宜小于30mm，且钢筋中心距不应大于 $0.2l_l$ 及150mm的较小者。

5.4 板相关构造平法施工图识图规则

5.4.1 板相关构造平法施工图的表示方法

板相关构造的平法施工图采用直接引注的方法表示。

板相关构造编号规定如表5-4所示。

表5-4 板相关构造编号规定

构造类型	类型代号	序 号	说 明
纵筋加强带	JQD	××	以单向加强纵筋取代原位置配筋
后浇带	HJD	××	有不同的留筋方式
柱帽	ZM×	××	适用于无梁楼盖
局部升降板	SJB	××	板厚及配筋与所在板相同；构造升降高度≤300mm
板加腋	JY	××	腋高与腋宽可选注
板开洞	BD	××	最大边长或直径＜1000mm；加强筋长度有全跨贯通和自洞边锚固两种
板翻边	FB	××	翻边高度≤300mm
角部加强筋	Crs	××	以上部双向非贯通加强筋取代原位置的非贯通筋
悬挑板阴角附加筋	Cis	××	板悬挑阴角上部斜向附加筋
悬挑板阳角放射筋	Ces	××	板悬挑阳角上部放射筋
抗冲切箍筋	Rh	××	通常用于无柱帽无梁楼盖的柱顶
抗冲切弯起筋	Rb	××	通常用于无柱帽无梁楼盖的柱顶

5.4.2 板相关构造直接引注

1．纵筋加强带的引注

纵筋加强带的平面形状及定位由平面布置图表达，加强带内配置的加强贯通纵筋等由引注内容表达。

纵筋加强带设单向加强贯通纵筋，取代其所在位置的板中原本配置的同向贯通纵筋。根据受力需要，加强贯通纵筋可在板下部配置，也可在板下部和上部均配置。纵筋加强带引注如图 5.23 所示。

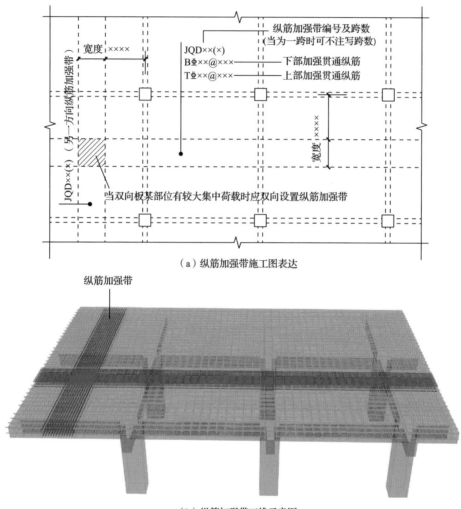

（a）纵筋加强带施工图表达

（b）纵筋加强带三维示意图

图 5.23 纵筋加强带

当板下部和上部均设置加强贯通纵筋，而板带上部横向无配筋时，纵筋加强带上部横向配筋会在施工图中注明。

当将纵筋加强带设置为暗梁形式时应注写箍筋，纵筋加强带引注（暗梁形式）如图 5.24 所示。

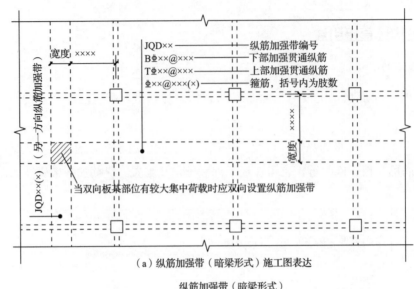

（a）纵筋加强带（暗梁形式）施工图表达

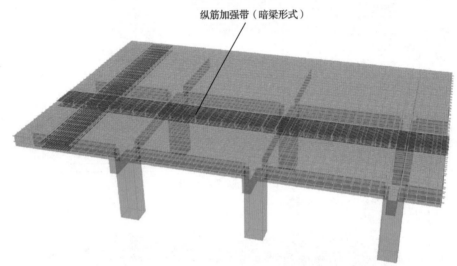

（b）纵筋加强带（暗梁形式）三维示意图

图 5.24　纵筋加强带（暗梁形式）

纵筋加强带设置的贯通纵筋，其在支座内的锚固做法与楼面板贯通筋相同。

2. 后浇带的引注

后浇带的平面形状及定位由平面布置图表达，后浇带留筋方式等由引注内容表达，包括以下内容。

（1）后浇带编号及留筋方式。22G101—1 规定了两种留筋方式，分别为"贯通"和"100% 搭接"。

（2）后浇混凝土的强度等级（C××）。后浇混凝土宜采用补偿收缩混凝土，施工图中会注明相关施工要求。

（3）当后浇带区域留筋方式或后浇混凝土强度等级不一致时，施工图中会注明不一致的部位及做法。

后浇带引注如图 5.25 所示。

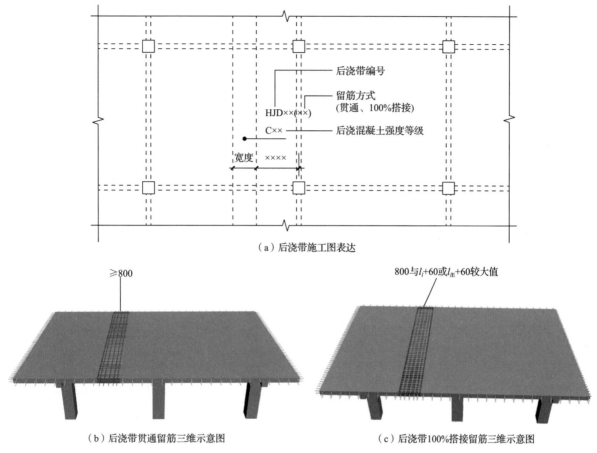

图 5.25　后浇带

贯通留筋的后浇带宽度通常大于或等于 800mm；100% 搭接留筋的后浇带宽度通常取 800mm 与 l_l+60mm 或 l_{lE}+60mm 的较大值（l_l、l_{lE} 分别为受拉筋的搭接长度、受拉筋的抗震搭接长度）。

3．柱帽的引注

柱帽的平面形状有矩形、圆形或多边形等，其平面形状由平面布置图表达。

柱帽的立面形状有单倾角柱帽（ZMa）、托板柱帽（ZMb）、变倾角柱帽（ZMc）和倾角托板柱帽（ZMab）等，其立面几何尺寸和配筋由具体的引注内容表达。各立面形状的柱帽引注见图 5.26 ～图 5.29，图中 c_1、c_2 当在 x、y 向不一致时，应标注为（$c_{1,x}$，$c_{1,y}$）、（$c_{2,x}$，$c_{2,y}$）。

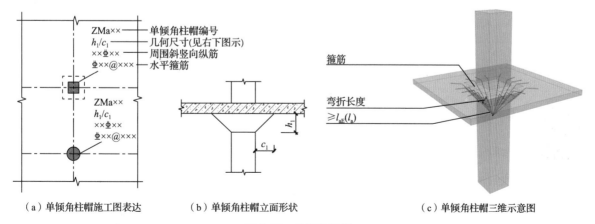

图 5.26　单倾角柱帽

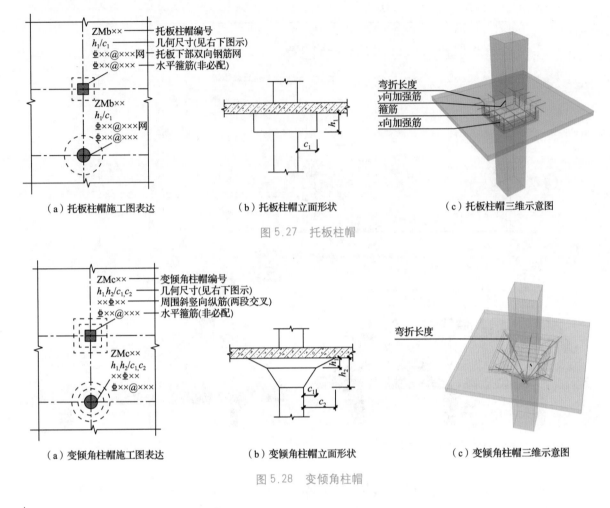

（a）托板柱帽施工图表达　　　（b）托板柱帽立面形状　　　（c）托板柱帽三维示意图

图 5.27　托板柱帽

（a）变倾角柱帽施工图表达　　（b）变倾角柱帽立面形状　　（c）变倾角柱帽三维示意图

图 5.28　变倾角柱帽

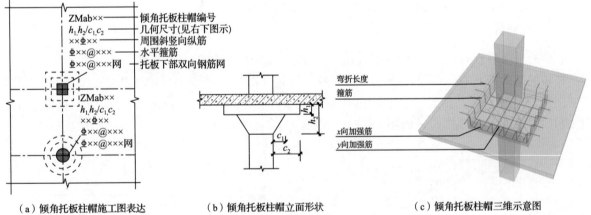

（a）倾角托板柱帽施工图表达　　（b）倾角托板柱帽立面形状　　（c）倾角托板柱帽三维示意图

图 5.29　倾角托板柱帽

4. 局部升降板的引注

局部升降板的平面形状及定位由平面布置图表达，其他内容由引注内容表达。当局部升降板的板厚、壁厚和配筋，在 22G101—1 标准构造详图中取与所在板块的板厚、壁厚和配筋相同时，施工图中无须注明；当采用不同板厚、壁厚和配筋时，施工图中会补充截面配筋图。局部升降板引注如图 5.30 所示。

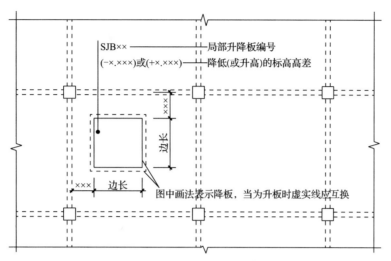

（a）局部升降板施工图表达

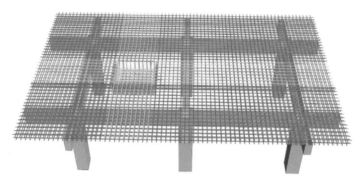

（b）局部升降板配筋三维示意图（整体）

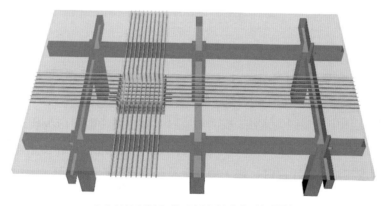

（c）局部升降板三维示意图（上部与下部配筋）

图 5.30　局部升降板

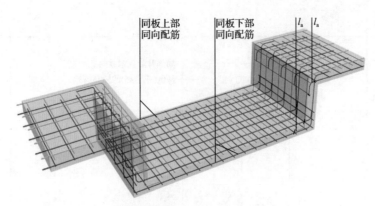

（d）局部升降板配筋三维示意图（局部）

图 5.30 局部升降板（续）

　　局部升降板升高与降低的高度，在 22G101—1 标准构造详图中限定为小于或等于 300mm。当高度大于 300mm 时，施工图中应补充截面配筋图。应注意，局部升降板的下部与上部配筋均为双向贯通纵筋。

　　5. 板加腋的引注

　　板加腋的位置与范围由平面布置图表达，腋宽、腋高等由引注内容表达。板加腋引注如图 5.31 所示。

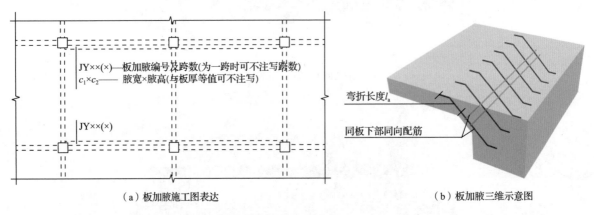

（a）板加腋施工图表达　　　　　　　　　　　　　　　　　　　（b）板加腋三维示意图

图 5.31 板加腋

　　板底加腋时，施工图中腋线应为虚线；板面加腋时，施工图中腋线应为实线。当腋宽和腋高与板厚相同时，施工图中无须注明。当加腋部位配筋与 22G101—1 标准构造详图相同时，施工图中无须注明；与 22G101—1 标准构造详图不同时，施工图中会补充截面配筋图。

　　6. 板开洞的引注

　　板开洞的平面形状及定位由平面布置图表达，洞的几何尺寸等由引注内容表达。板开洞引注如图 5.32 所示。

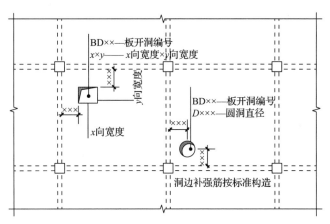

（a）板开洞施工图表达

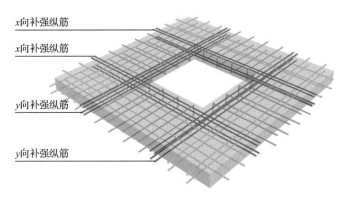

（b）板开洞三维示意图（矩形）

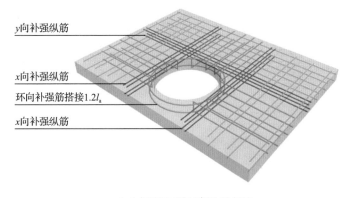

（c）板开洞三维示意图（圆形）

图5.32 板开洞

当矩形洞口边长或圆形洞口直径小于或等于1000mm，且洞边无集中荷载作用时，洞边补强筋可按22G101—1标准构造详图的规定设置，施工图中无须注明；当洞口周边补强筋不伸至支座时，施工图中会绘制出所有补强筋，并标注不伸至支座的钢筋长度。当具体工程所需要的补强筋与标准构造详图不同时，施工图中会注明。

当矩形洞口边长或圆形洞口直径大于1000mm，或虽小于或等于1000mm但洞边有集中荷载作用时，根据具体情况，施工图中会注明采取的相应处理措施。

7. 板翻边的引注

板翻边引注如图 5.33 所示。板翻边可为上翻（图 5.34）也可为下翻（图 5.35），翻边尺寸等在引注中表达，翻边高度在 22G101—1 标准构造详图中为小于或等于 300mm。当翻边高度大于 300mm 时，其构造由设计人员在施工图中绘制。

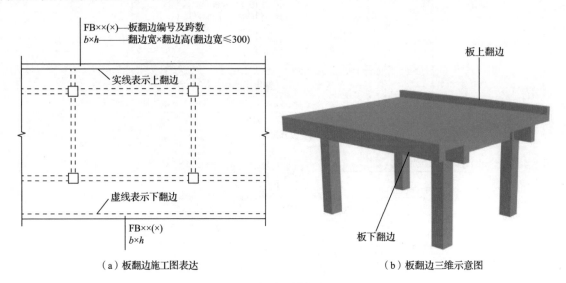

（a）板翻边施工图表达   （b）板翻边三维示意图

图 5.33　板翻边

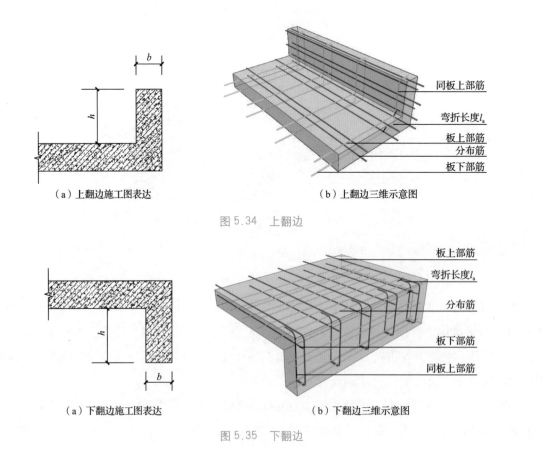

（a）上翻边施工图表达   （b）上翻边三维示意图

图 5.34　上翻边

（a）下翻边施工图表达   （b）下翻边三维示意图

图 5.35　下翻边

8. 角部加强筋的引注

角部加强筋引注如图 5.36 所示。角部加强筋通常用于板块角区的上部，根据国家现行标准的有关规定选择配置。角部加强筋将在其分布范围内取代原本配置的板支座上部非贯通纵筋，当其分布范围内配有板上部贯通纵筋时则间隔布置。

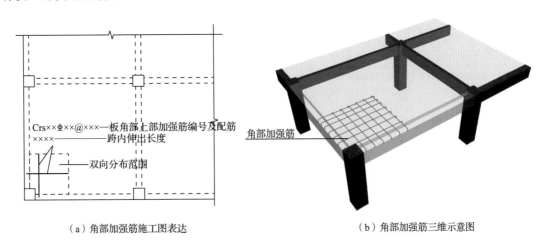

（a）角部加强筋施工图表达　　　　　（b）角部加强筋三维示意图

图 5.36　角部加强筋

【案例解析 5-11】

Crs1 ⊈8@200

1500

表示板块配置 1 号角部加强筋，配筋为 ⊈8@200，加强筋从支座边向跨内伸出长度为 1500mm。

9. 悬挑板阴角附加筋的引注

悬挑板阴角附加筋引注如图 5.37 所示。悬挑板阴角附加筋是指在悬挑板的阴角部位斜放的附加筋，该附加筋设置在板上部悬挑受力筋的下面，自阴角位置向内分布。

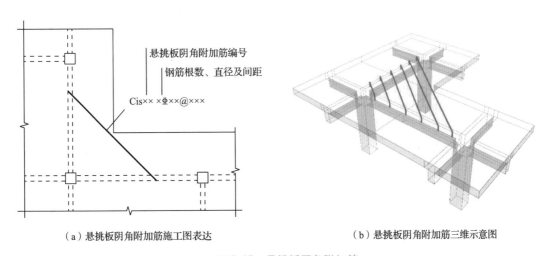

（a）悬挑板阴角附加筋施工图表达　　　　　（b）悬挑板阴角附加筋三维示意图

图 5.37　悬挑板阴角附加筋

10. 悬挑板阳角放射筋的引注

悬挑板阳角放射筋引注如图 5.38 ~ 图 5.40 所示。构造筋的根数按图 5.40 所示的原则确定，其中 $a < 200mm$。

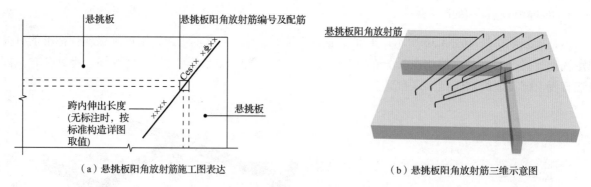

图 5.38　悬挑板阳角放射筋（一）

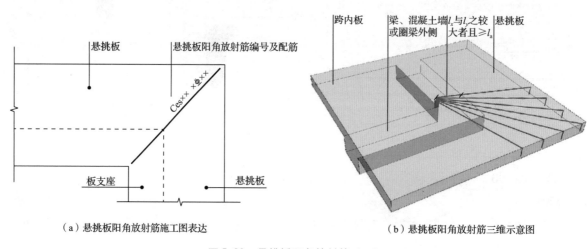

图 5.39　悬挑板阳角放射筋（二）

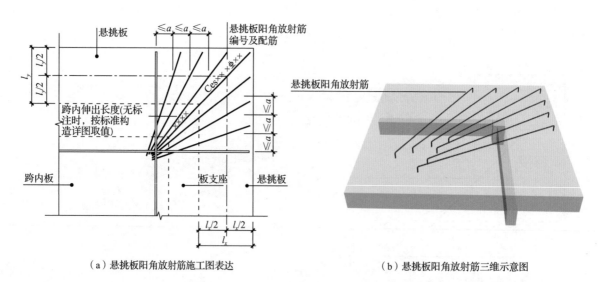

图 5.40　悬挑板阳角放射筋（三）

【案例解析 5-12】

Ces1 7Φ8，表示悬挑板 1 号阳角放射筋，为 7 根 HRB400 级钢筋，直径为 8mm。

11. 抗冲切箍筋的引注

抗冲切箍筋引注如图 5.41 所示。抗冲切箍筋通常在无梁楼盖无柱帽的柱顶部位设置。

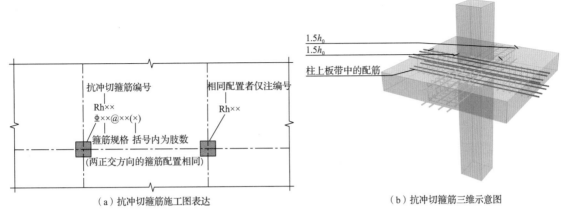

（a）抗冲切箍筋施工图表达　　　　　（b）抗冲切箍筋三维示意图

图 5.41　抗冲切箍筋

12. 抗冲切弯起筋的引注

抗冲切弯起筋引注如图 5.42 所示。抗冲切弯起筋通常在无梁楼盖无柱帽的柱顶部位设置。

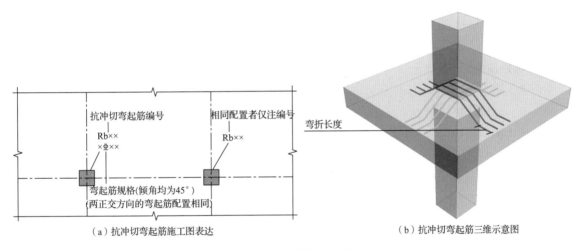

（a）抗冲切弯起筋施工图表达　　　　　（b）抗冲切弯起筋三维示意图

图 5.42　抗冲切弯起筋

✏ **知识链接**

常见无梁楼盖形式

（1）双向密肋楼盖：肋间距为 600～1200mm，肋高为短边跨度的 1/（20～30），楼盖四周是纵横向的框架梁，厚度通常为 60mm，模壳采用隔声砌块代替。双向密肋楼盖的技术性和经济性优点明显，应用广泛。

（2）井字楼盖：在不用模壳的情况下，将肋间距增大到 1500～3000mm，肋高通常为短边跨度的 1/2，厚度为 50mm，其优点是造价略低。

（3）无黏结预应力楼盖：设置了无黏结预应力钢筋，可以克服楼盖做得太厚而过重的问题，楼盖四周同样是纵横向的框架梁。

（4）密肋楼盖：即预制空心板，这种楼盖采用绞线配筋连续生产，跨度可以任意选定。

（5）肋形楼盖：最普通的一种由主次梁结构组成的楼盖，设计、施工均较为简单，其柱距不宜做得很大，因此在对空间使用要求不高的条件下，可以考虑采用。

◀ 本章小结 ▶

　　根据是否以梁或墙为支座，用作楼板的钢筋混凝土板分为有梁楼盖和无梁楼盖。有梁楼盖的平面注写包括板块集中标注和板支座原位标注；无梁楼盖的平面注写包括板带集中标注和板带支座原位标注（板带分为柱上板带和跨中板带）。其中无梁楼盖还可能设有暗梁，应注意识读。板其他相关构造的平法施工图采用直接引注的方式表达。通过学习本章内容，我们能够掌握板平法施工图的识图方法，并能对识图案例进行识读。

◀ 习　　题 ▶

结合 22G101—1 图集，完成以下习题。

单选题

1. 板块编号中 XB 表示（　　　）。

　　A. 现浇板　　　　　　　　　　B. 悬挑板

　　C. 延伸悬挑板　　　　　　　　D. 屋面现浇板

2. 板中的钢筋标注方法可以分为传统标注和平法标注，传统标注表示贯通纵筋时，如图 5.43 所示，其表示的是板的（　　　）。

图 5.43　传统标注表示贯通纵筋

　　A. 上部通长筋　　　　　　　　B. 下部通长筋

　　C. 端支座负筋　　　　　　　　D. 架立筋

3. 当板的端支座为砌体墙体时，底筋伸进支座的长度为（　　　）。

　　A. 板厚

　　B. 支座宽 /2+5d（d 为底筋直径）

　　C. 支座宽 /2 和 5d 中较大者（d 为底筋直径）

　　D. 板厚、120mm 和墙厚 /2 中较大者

在线答题

第6章

楼梯平法识图

思维导图

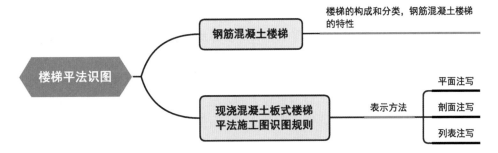

6.1 认识钢筋混凝土楼梯

楼梯是实现建筑垂直交通运输的通道，用于楼层之间的交通联系。高层建筑尽管采用电梯作为主要垂直交通工具，但是仍然要保留楼梯供紧急逃生之用。

6.1.1 楼梯的构成和分类

设有踏步，供建筑物楼层之间上下通行的通道称为梯段。踏步又分为踏面（供行走时踏脚的水平部分）和踢面（形成踏步高差的垂直部分）。

楼梯按梯段形式可分为单跑楼梯、双跑楼梯和多跑楼梯。梯段的平面形状有直线、折线和曲线。

楼梯按材料划分有钢结构楼梯、钢筋混凝土结构楼梯、木结构楼梯等。其中钢筋混凝土结构楼梯（简称钢筋混凝土楼梯）在结构刚度、耐火、造价、施工、造型等方面更具优势，应用最为普遍。本章介绍的钢筋混凝土楼梯在建筑物中作为楼层间交通用的构件，由梯板、平台和围护结构等组成。此外，楼梯还有多种特殊形式，如剪刀楼梯，螺旋转梯，圆形、半圆形、弧形楼梯等，各自有其适用的情况。

单跑楼梯最为简单，适用于层高较低的建筑；双跑楼梯最为常见，有双跑直上、双跑曲折、双跑对折（平行）等，适用于一般民用建筑和工业建筑；三跑楼梯有三折式、丁字式、分合式等，多用于公共建筑；剪刀楼梯由一对方向相反的双跑平行梯段组成，或由一对互相重叠而又不连通的单跑直上梯段组成，剖面呈交叉的剪刀形，能同时通过较大的人流并节省空间；螺旋转梯是以扇形踏步支承在中立柱上，虽行走欠舒适，但节省空间，适用于人流较小，使用不频繁的场所；圆形、半圆形、弧形楼梯，由曲梁或曲板支承，踏步略呈扇形，形式多样，造型活泼，富于装饰性，适用于公共建筑。

6.1.2 钢筋混凝土楼梯的特性

钢筋混凝土楼梯的施工方法分为整体现浇式、预制装配式、部分现浇和部分预制装配式三种。整体现浇式的楼梯刚性好，适用于有特殊要求和防震要求高的建筑，但模板耗费大，施工周期较长。预制装配式的楼梯构件有大型、中型和小型之分，大型的是把整个梯板和平台预制成一个构件；中型的是把梯板和平台分别预制，采用较广；小型的是把楼梯的斜梁、踏步、平台梁等预制成各个小构件，用焊、锚、栓、销等方法连接成整体。小型的预制装配楼梯还有一种是把预制的 L 形踏步构件，按楼梯坡度砌在侧墙内，成为悬挑式楼梯。部分现浇和部分预制装配式楼梯，通常先制模浇筑楼梯梁，再安装预制踏步和平台板，然后在三者预留钢筋连接处浇筑混凝土，连成整体。部分现浇和部分预制装配式楼梯较整体现浇式楼梯节省模板和缩短工期，但保持了预制构件加工精确，而且可以调整尺寸和形式的特点。

6.2 现浇混凝土板式楼梯平法施工图识图规则

本章介绍的识读 22G101—2 图集规则适用于现浇混凝土板式楼梯（以下简称"板式楼梯"），其施工图一般由楼梯的平法施工图和标准构造详图两部分组成。

6.2.1 板式楼梯平法施工图的表示方法

1．表示方法说明

板式楼梯平法施工图有平面注写、剖面注写和列表注写三种表示方法。楼梯平面布置图，应采用适当比例集中绘制，需要时可绘制其剖面图。

🌀 特别提示

　　22G101—2 图集主要规定了梯板的表示方法，与楼梯相关的平台板、梯梁、梯柱的注写方式参见 22G101—1 图集。

　　为方便施工，在集中绘制的板式楼梯平法施工图中，按规定注明了各结构层的楼面标高、结构层高及相应的结构层号。

　　2. 楼梯注写的内容

　　22G101—2 图集中规定了板式楼梯的 14 种类型，详见表 6-1。楼梯注写时，楼梯编号由类型代号和序号组成，如 AT××、BT××、ATa×× 等。

表 6-1　楼梯类型

类型代号	适用范围		是否参与结构整体抗震计算
	抗震构造措施	适用结构	
AT	无	剪力墙、砌体结构	不参与
BT			
CT	无	剪力墙、砌体结构	不参与
DT			
ET	无	剪力墙、砌体结构	不参与
FT			
GT	无	剪力墙、砌体结构	不参与
ATa			不参与
ATb	有	框架结构、框架－剪力墙结构中框架部分	不参与
ATc			参与
BTb	有	框架结构、框架－剪力墙结构中框架部分	不参与
CTa	有	框架结构、框架－剪力墙结构中框架部分	不参与
CTb			
DTb	有	框架结构、框架－剪力墙结构中框架部分	不参与

　　3. 各类型梯板的特征

　　1）AT ～ ET 型板式楼梯

　　（1）AT ～ ET 代表无滑动支座的梯板。梯板的主体为踏步段（含低端踏步段、高端踏步段），还包括低端平板、高端平板及中位平板，如图 6.1 ～图 6.5 所示。

　　（2）AT ～ ET 型梯板特征详见表 6-2。

表 6-2　AT ～ ET 型梯板特征

类型代号	梯板构成
AT	踏步段
BT	低端平板、踏步段
CT	踏步段、高端平板
DT	低端平板、踏步板、高端平板
ET	低端踏步段、中位平板和高端踏步段

（3）AT ～ ET 型梯板的两端分别以（低端和高端）梯梁为支座。

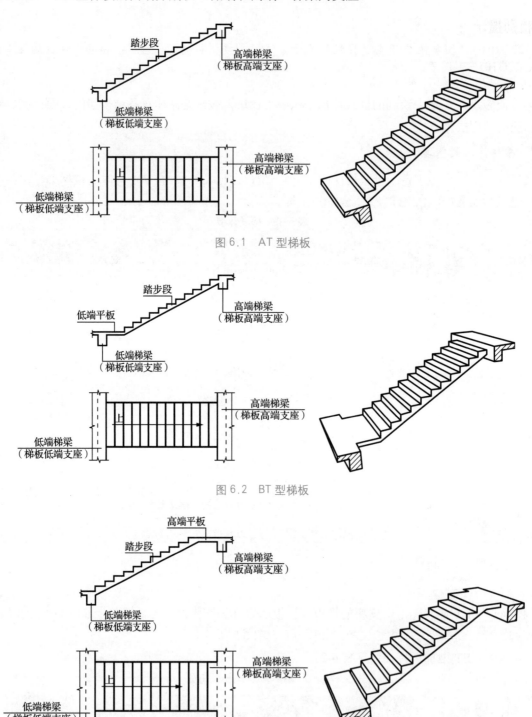

图 6.1　AT 型梯板

图 6.2　BT 型梯板

图 6.3　CT 型梯板

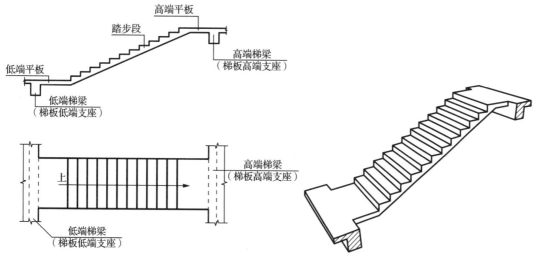

图 6.4　DT 型梯板

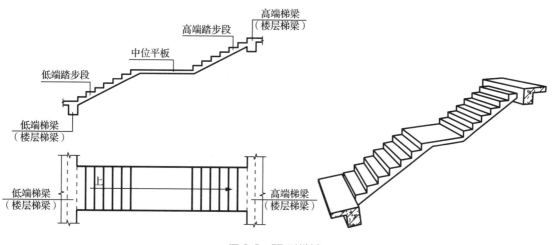

图 6.5　ET 型梯板

2）FT ～ GT 型板式楼梯

（1）FT、GT 代表两跑踏步段和连接它们的楼层平板及层间平板的板式楼梯，如图 6.6、图 6.7 所示。

（2）FT、GT 型梯板特征详见表 6-3。

表 6-3　FT、GT 型梯板特征

类型代号	梯板构成
FT	层间平板、踏步段、楼层平板
GT	层间平板、踏步段

（3）FT、GT 型梯板的支承方式详见表 6-4。

表 6-4　FT、GT 型梯板的支承方式

类型代号	层间平板	踏步段端（楼层处）	楼层平板
FT	三边支承	—	三边支承
GT	三边支承	支承在梯梁上	—

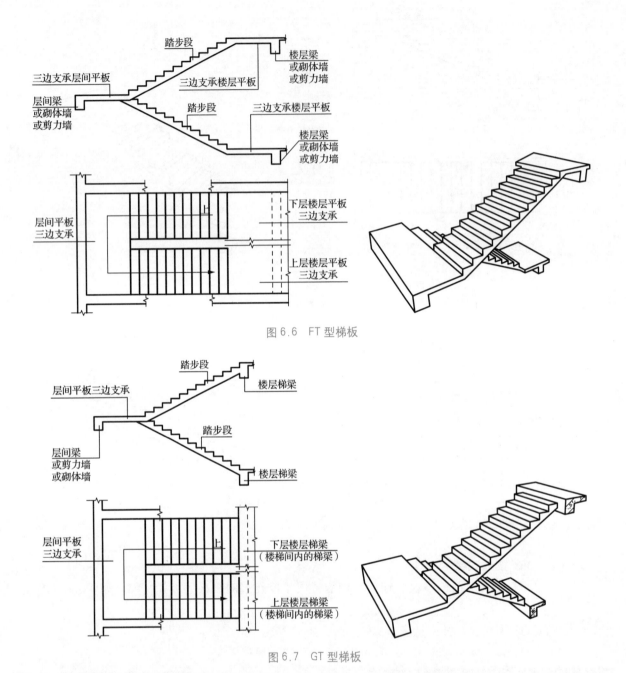

图 6.6　FT 型梯板

图 6.7　GT 型梯板

3）ATa、ATb 型板式楼梯

（1）ATa、ATb 型板式楼梯为带滑动支座的板式楼梯。梯板全部由踏步段构成，其支承方式为梯板高端均支承在梯梁上，ATa 型梯板低端带滑动支座支承在梯梁上，ATb 型梯板低端带滑动支座支承在挑板上，如图 6.8、图 6.9 所示。

（2）ATa、ATb 型梯板采用双层双向配筋。

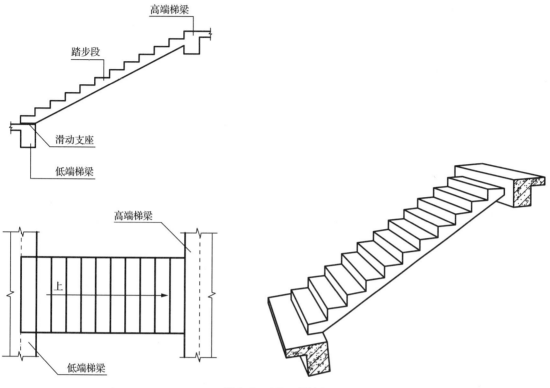

图 6.8　ATa 型梯板

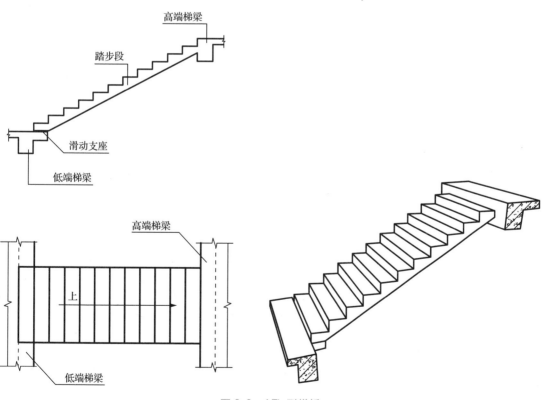

图 6.9　ATb 型梯板

4）ATc 型板式楼梯

（1）梯板全部由踏步段构成，其支承方式为梯板两端均支承在梯梁上，如图 6.10 所示。

（2）楼梯休息平台与主体结构可整体连接，也可脱开连接，如图 6.11 所示。

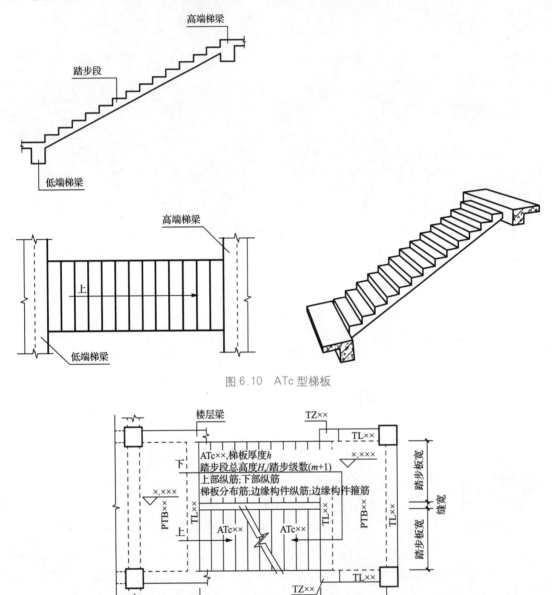

图 6.10　ATc 型梯板

图 6.11　ATc 型楼梯休息平台与主体结构连接方式

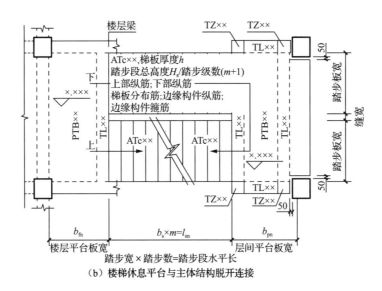

图 6.11　ATc 型楼梯休息平台与主体结构连接方式（续）

（3）梯板厚度按计算确定；梯板采用双层双向配筋。

（4）梯板两侧设置边缘构件（暗梁），边缘构件的宽度取 1.5 倍板厚；边缘构件纵筋数量，当抗震等级为一、二级时不少于 6 根，当抗震等级为三、四级时不少于 4 根；纵筋直径不小于 12mm 且不小于梯板纵向受力筋的直径；箍筋直径不小于 6mm，间距不大于 200mm。

（5）平台板按双层双向配筋。

（6）ATc 型楼梯作为斜撑构件，钢筋均采用符合抗震性能要求的热轧钢筋，钢筋的抗拉强度实测值与屈服强度实测值的比值不应小于 1.25；钢筋的屈服强度实测值与屈服强度标准值的比值不应大于 1.3，且钢筋在最大拉力下的总伸长率实测值不应小于 9%。

5）BTb 型板式楼梯

（1）BTb 型板式楼梯为带滑动支座的板式楼梯。梯板由踏步段和低端平板构成，其支承方式为梯板高端支承在梯梁上，梯板低端带滑动支座支承在挑板上，如图 6.12 所示。

（2）BTb 型梯板采用双层双向配筋。

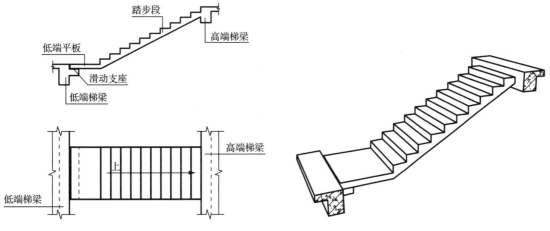

图 6.12　BTb 型梯板

6）CTa、CTb 型板式楼梯

（1）CTa、CTb 型板式楼梯为带滑动支座的板式楼梯。梯板由踏步段和高端平板构成，其支承方式为梯板高端均支承在梯梁上。CTa 型梯板低端带滑动支座支承在梯梁上，CTb 型梯板低端带滑动支座支承在挑板上，如图 6.13、图 6.14 所示。

（2）CTa、CTb 型梯板采用双层双向配筋。

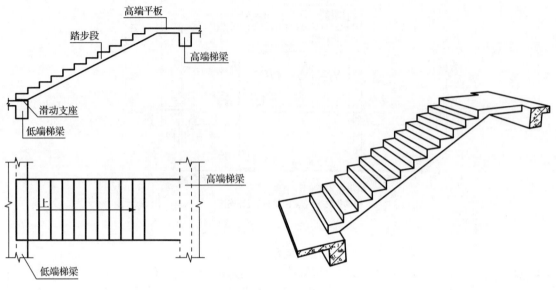

图 6.13　CTa 型梯板

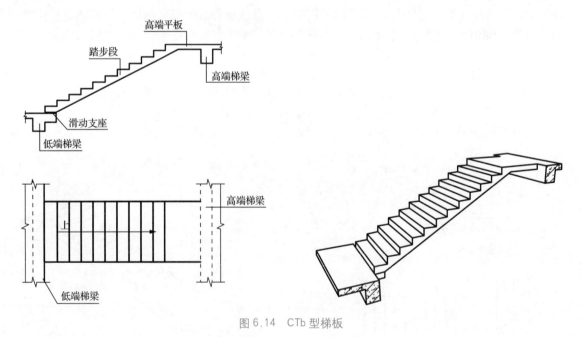

图 6.14　CTb 型梯板

7）DTb 型板式楼梯

（1）DTb 型板式楼梯为带滑动支座的板式楼梯。梯板由低端平板、踏步段和高端平板构成，其支承方式为梯板高端平板支承在梯梁上，梯板低端带滑动支座支承在挑板上，如图 6.15 所示。

（2）DTb 型梯板采用双层双向配筋。

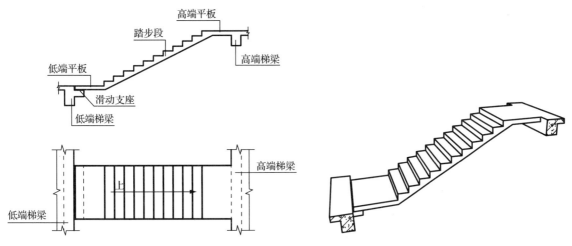

图 6.15　DTb 型梯板

楼梯平法施工图中，与楼梯相关的平台板、梯梁和梯柱的注写编号由类型代号和序号组成。平台板为 PTB××，梯梁为 TL××，梯柱为 TZ××。

⚙ 特别提示

ATa、CTa 型梯板低端带滑动支座支承在梯梁上；ATb、BTb、CTb、DTb 型梯板低端带滑动支座支承在挑板上。滑动支座做法见 22G101—2 标准构造详图。

梯梁支承在梯柱上时，其构造应符合 22G101—1 标准构造详图中框架梁的构造做法，箍筋宜全长加密。

6.2.2　板式楼梯平法施工图平面注写方式

1. 平面注写方式

平面注写方式，是在楼梯平面布置图上通过注写截面尺寸和配筋具体数值来表达楼梯施工图的一种方式，包括集中标注和外围标注。

1）集中标注

集中标注的规定如下。

（1）梯板类型代号与序号，如 AT××。

（2）梯板厚度，注写为 h=×××。当梯板为带平板的梯板且踏步段板厚度和平板厚度不同时，在梯板厚度后面括号内以字母"P"打头注写平板厚度。

【案例解析 6-1】

h=130(P150)，表示梯板踏步段厚度为 130mm，梯板平板的厚度为 150mm。

（3）踏步段总高度和踏步级数，之间以"/"分隔。

（4）梯板上部纵筋、下部纵筋之间以"；"分隔。

（5）梯板分布筋，以"F"打头注写分布钢筋具体值，该项也可在施工图中统一说明。

【案例解析 6-2】

AT1,h=120

1800/12

Φ10@200;Φ12@150

Fϕ8@250

表示 1 号 AT 型梯板，厚度为 120mm；踏步段总高度为 1800mm，共有 12 级；梯板上部纵筋为 ⏀10@200，下部纵筋为 ⏀12@150；梯板分布筋为 Φ8@250。

2）外围标注

外围标注的内容，包括楼梯间的平面尺寸、楼层结构标高、层间结构标高、楼梯的上下方向、梯板的平面几何尺寸、平台板配筋、梯梁及梯柱配筋等。

2．剖面注写方式

剖面注写方式需在楼梯平法施工图中绘制楼梯平面布置图和楼梯剖面图，注写方式包含平面图注写和剖面图注写两部分。

1）平面图注写

楼梯平面布置图注写内容，包括楼梯间的平面尺寸、楼层结构标高、层间结构标高、楼梯的上下方向、梯板的平面几何尺寸、梯板类型及编号、平台板配筋、梯梁及梯柱配筋等。

2）剖面图注写

楼梯剖面图注写内容，包括梯板集中标注、梯梁梯柱编号、梯板水平及竖向尺寸、楼层结构标高、层间结构标高等。

梯板集中标注的内容有 4 项，具体规定如下。

（1）梯板类型及编号，如 AT××。

（2）梯板厚度，注写为 $h=×××$。当梯板由踏步段和平板构成，且梯板踏步段厚度和平板厚度不同时，在梯板厚度后面括号内以字母"P"打头注写平板厚度。

（3）梯板配筋，注明梯板上部纵筋和梯板下部纵筋，用"；"将上部纵筋与下部纵筋的配筋值分隔开。

（4）梯板分布筋，以"F"打头注写分布钢筋具体值，该项也可在施工图中统一说明。

【案例解析 6-3】

AT1，$h=120$

⏀10@200;⏀12@150

FΦ8@250

表示 1 号 AT 型梯板，厚度为 120mm；梯板上部纵筋为 ⏀10@200，下部纵筋为 ⏀12@150；梯板分布筋为 Φ8@250。

3．列表注写方式

列表注写方式，是用列表方式注写梯板截面尺寸和配筋具体数值来表达楼梯施工图。列表注写方式的具体要求同剖面注写方式，仅将剖面注写方式中的梯板配筋注写项改为列表注写项即可。梯板列表注写示例如图 6.16 所示。

梯板几何尺寸和配筋表

梯板编号	踏步段总高度/mm	踏步级数	板厚 h/mm	上部纵筋	下部纵筋	分布筋

图 6.16　梯板列表注写示例

6.2.3　板式楼梯平法施工图识图案例

板式楼梯平法施工图识图案例如图 6.17 ～图 6.23 所示。

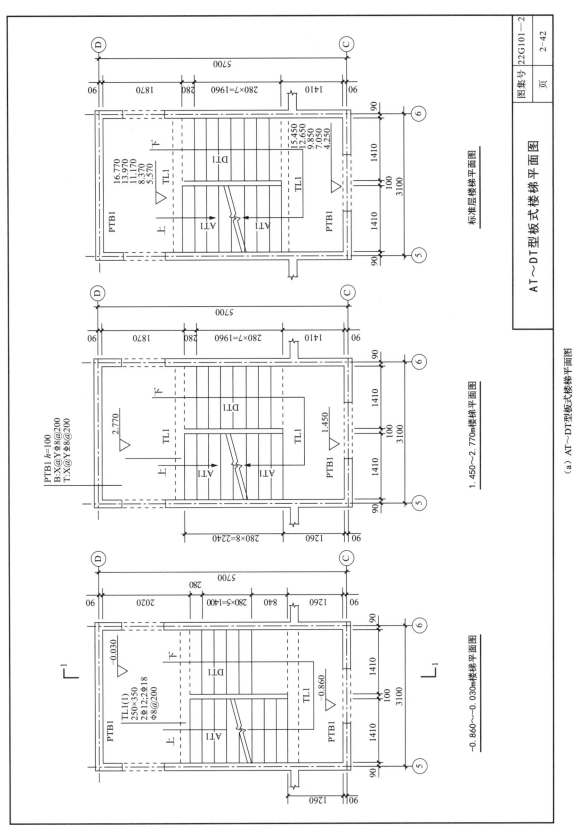

(a) AT～DT型板式楼梯平面图

图6.17 AT～DT型板式楼梯平法施工图案例

图6.17 三维模型

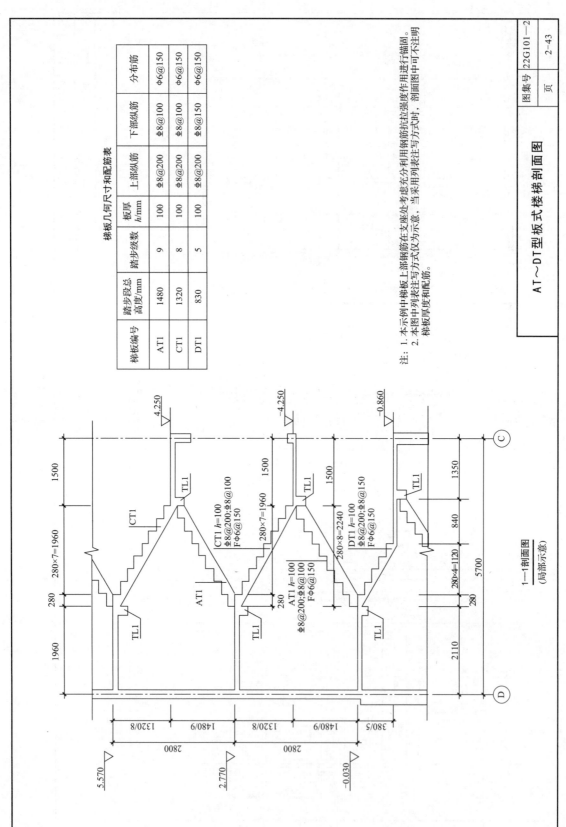

梯板几何尺寸和配筋表

梯板编号	踏步段总高度/mm	踏步级数	板厚 h/mm	上部纵筋	下部纵筋	分布筋
AT1	1480	9	100	Φ8@200	Φ8@100	Φ6@150
CT1	1320	8	100	Φ8@200	Φ8@100	Φ6@150
DT1	830	5	100	Φ8@200	Φ8@150	Φ6@150

注：1. 本示例中梯板上部钢筋在支座处考虑充分利用钢筋抗拉强度作用进行锚固。
2. 本图中列表注写方式仅为示意，当采用列表注写方式时，剖面图中可不注明梯板厚度和配筋。

AT~DT 型板式楼梯剖面图

图集号	22G101—2
页	2—43

1—1剖面图
（局部示意）

（b）AT~DT型板式楼梯平面图

图 6.17　AT～DT 型板式楼梯平法施工图案例（续）

148

层间平台

梯梁

层间平台

梯梁

梯板

踏步

楼层平台

楼层平台

AT～DT型板式楼梯三维示意图

| 图集号 | 22G101—1 |
| 页 | 2-42、43 |

(c) AT～DT型板式楼梯三维示意图

图 6.17 AT～DT 型板式楼梯平法施工图案例（续）

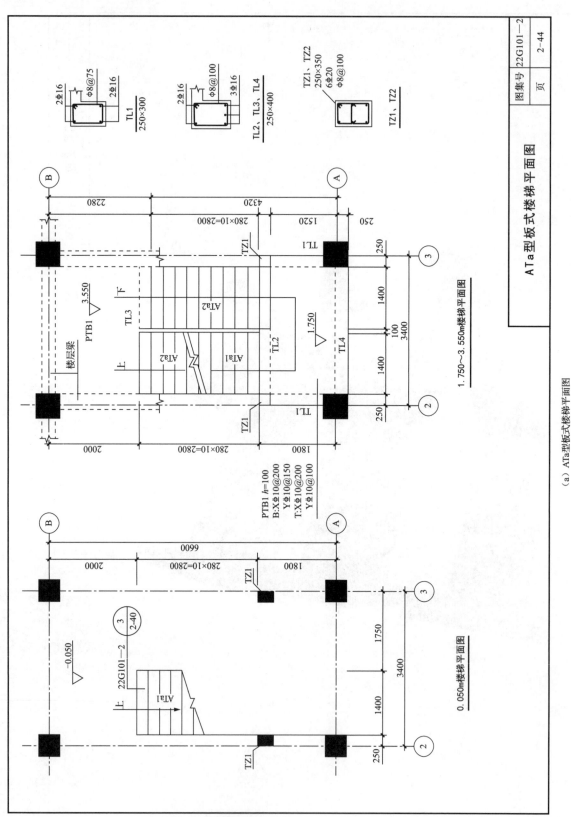

（a）ATa型板式楼梯平面图

图 6.18　ATa 型板式楼梯平法施工图案例

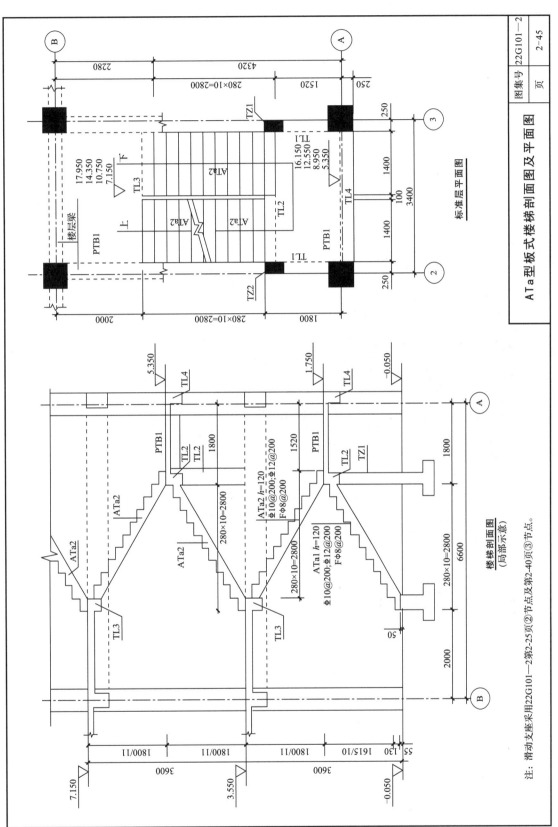

（b）ATa型板式楼梯平法施工图案例

图6.18 ATa型板式楼梯剖面图及平面图案例（续）

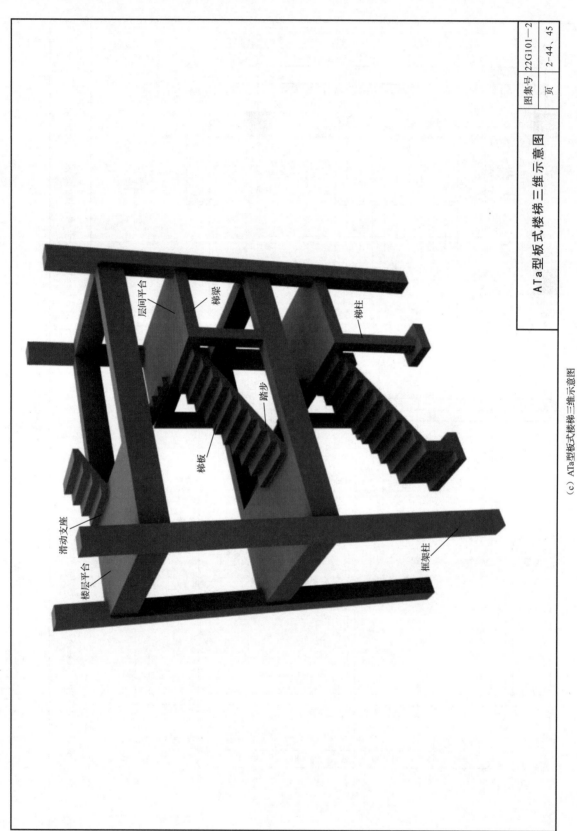

ATa型板式楼梯三维示意图

| 图集号 | 22G101—2 |
| 页 | 2-44、45 |

（c）ATa型板式楼梯三维示意图

图6.18 ATa型板式楼梯平法施工图案例（续）

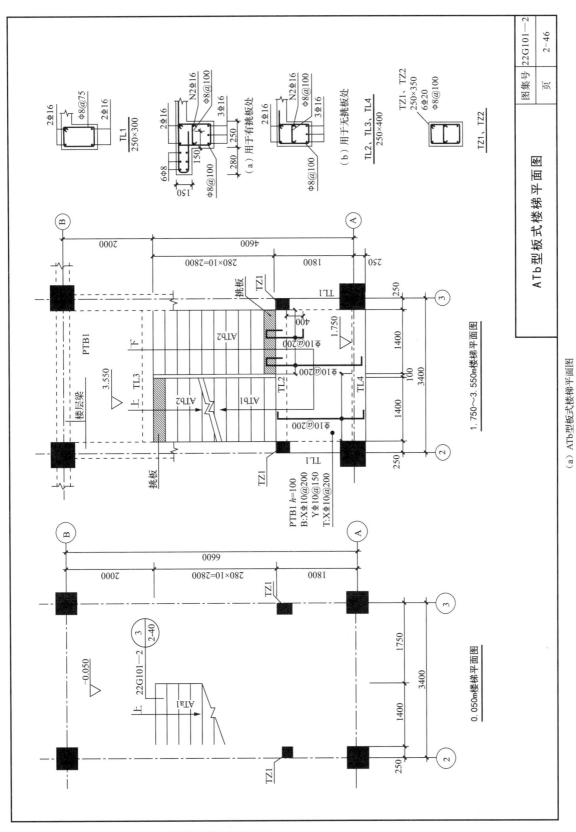

图 6.19 ATb 型板式楼梯平法施工图案例

建筑三维平法结构识图教程（第三版）

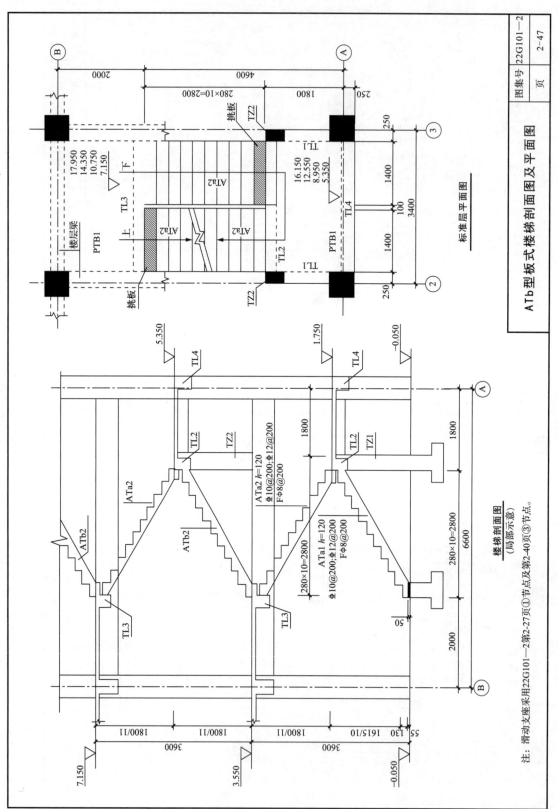

（b）ATb型板式楼梯剖面图及平面图

图6.19 ATb型板式楼梯平法施工图案例（续）

注：滑动支座采用22G101—2第2-27页①节点及第2-40页③节点。

154

ATb型板式楼梯三维示意图

图集号	22G101—2
页	2-46、47

(c) ATb型板式楼梯三维示意图

图6.19 ATb型板式楼梯平法施工图案例（续）

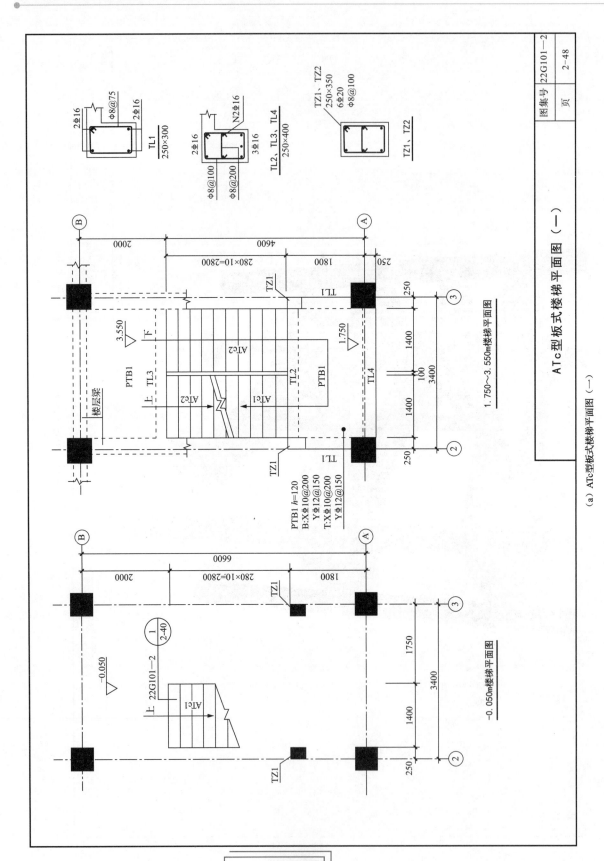

（a）ATc型板式楼梯平面图（一）

图6.20 ATc型板式楼梯平法施工图案例（一）

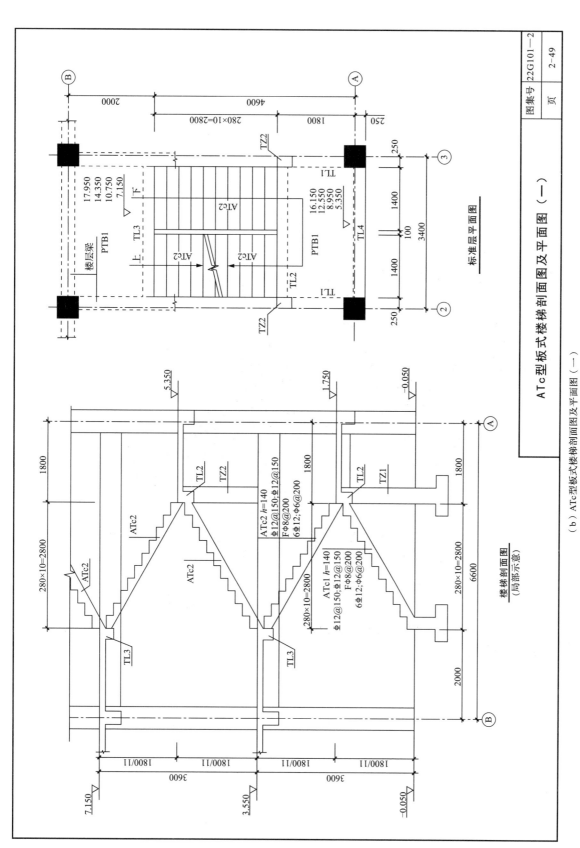

ATc型板式楼梯剖面图及平面图（一）

（b）ATc型板式楼梯剖面图及平面图（一）（续）

图6.20 ATc型板式楼梯平法施工图案例（一）（续）

图集号	22G101—2
页	2-49

图集号	22G101—2
页	2-48、49

ATc型板式楼梯三维示意图（一）

（c）ATc型板式楼梯三维示意图（一）

图6.20　ATc型板式楼梯平法施工图案例（一）（续）

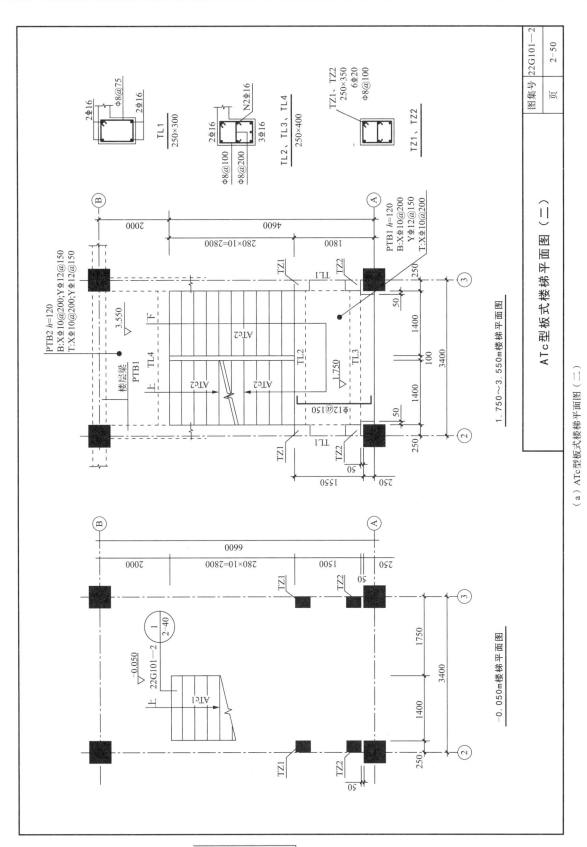

图集号 22G101—2

页 2-50

ATc型板式楼梯平面图（二）

1.750～3.550m楼梯平面图

−0.050m楼梯平面图

（a）ATc型板式楼梯平面图（二）

图6.21　ATc型板式楼梯平法施工图案例（二）

图6.21
三维模型

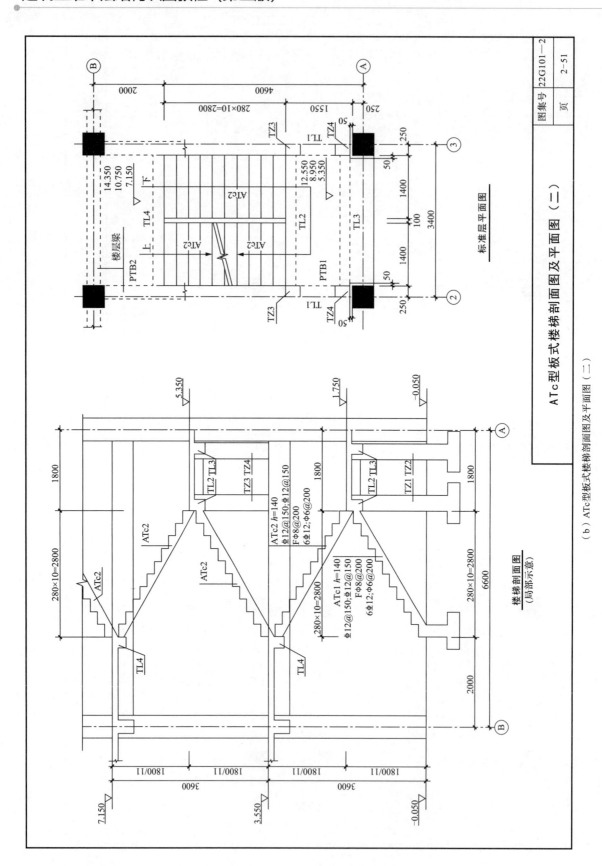

ATc型板式楼梯剖面图及平面图（二）

（b）ATc型板式楼梯剖面图及平面图（二）

图6.21 ATc型板式楼梯平法施工图案例（二）（续）

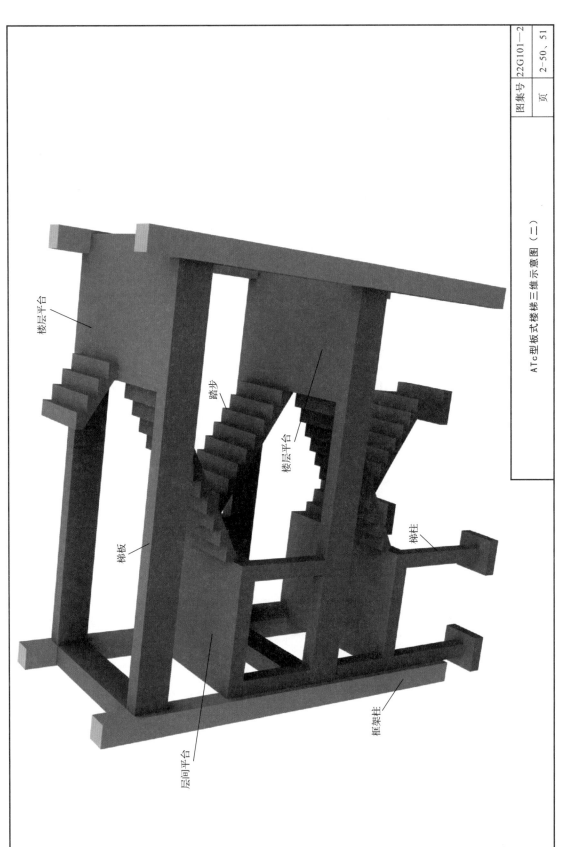

图集号 22G101—2

页 2—50、51

ATc型板式楼梯三维示意图（二）

（c）ATc型板式楼梯三维示意图（二）

图6.21 ATc型板式楼梯平法施工图案例（二）（续）

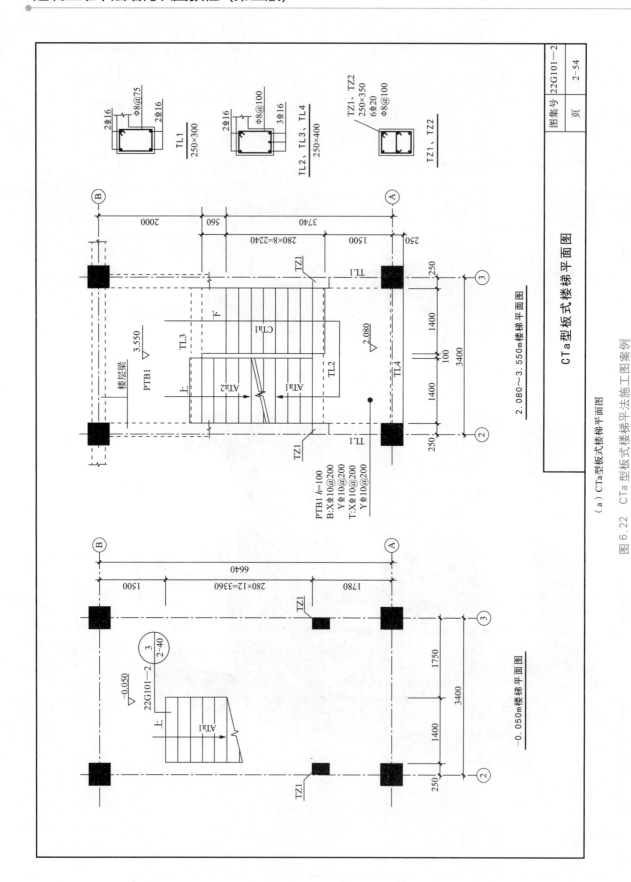

（a）CTa型板式楼梯平面图

图6.22 CTa型板式楼梯平法施工图案例

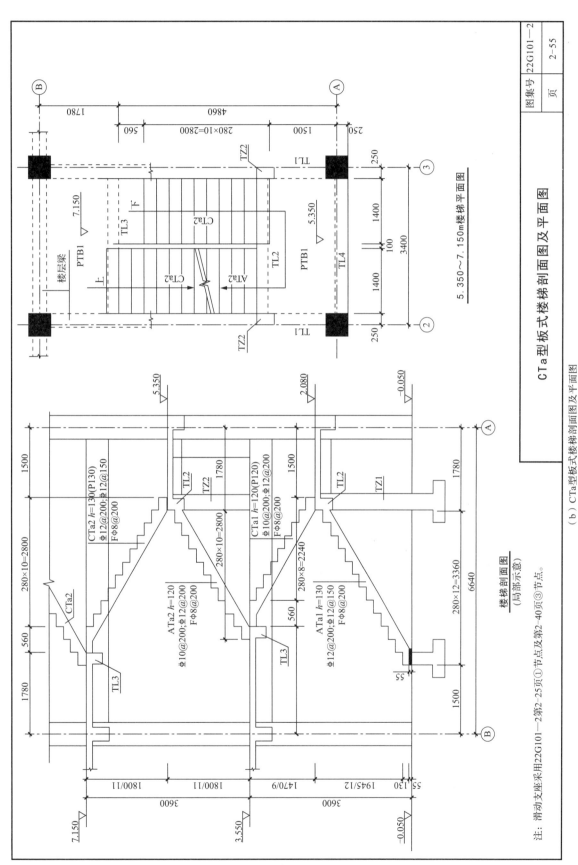

CTa型板式楼梯剖面图及平面图

5.350～7.150m楼梯平面图

CTa型板式楼梯剖面图及平面图

楼梯剖面图
（局部示意）

注：滑动支座采用22G101—2第2—25页①节点及第2—40页③节点。

（b）CTa型板式楼梯剖面图及平面图

图6.22　CTa型板式楼梯平法施工图案例（续）

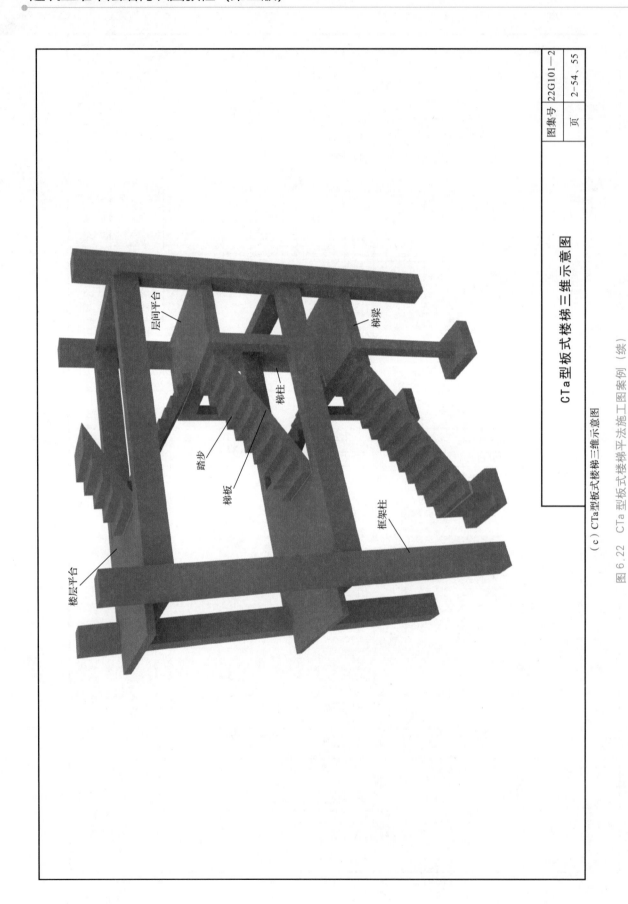

图集号	22G101—2
页	2-54、55

CTa型板式楼梯三维示意图

（c）CTa型板式楼梯三维示意图

图6.22 CTa型板式楼梯平法施工图案例（续）

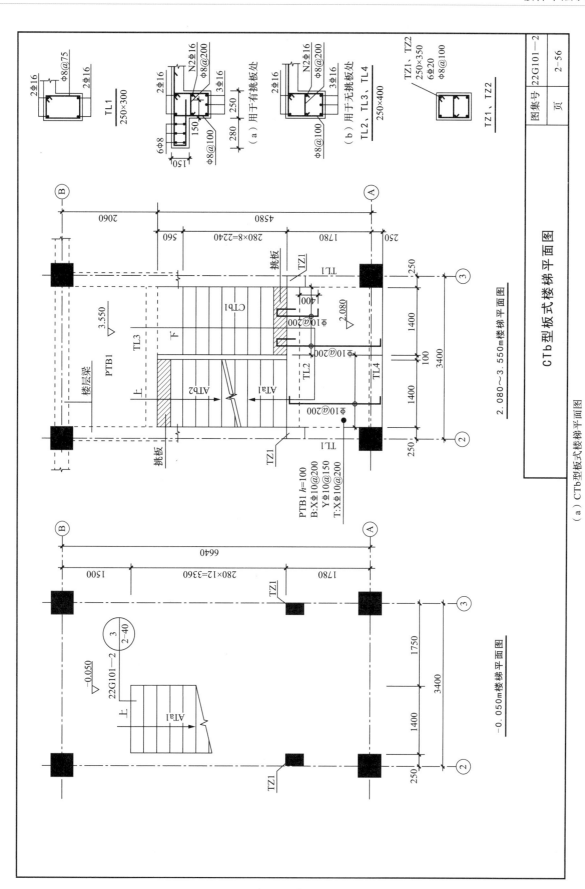

（a）CTb型板式楼梯平面图

图6.23 CTb型板式楼梯平法施工图案例

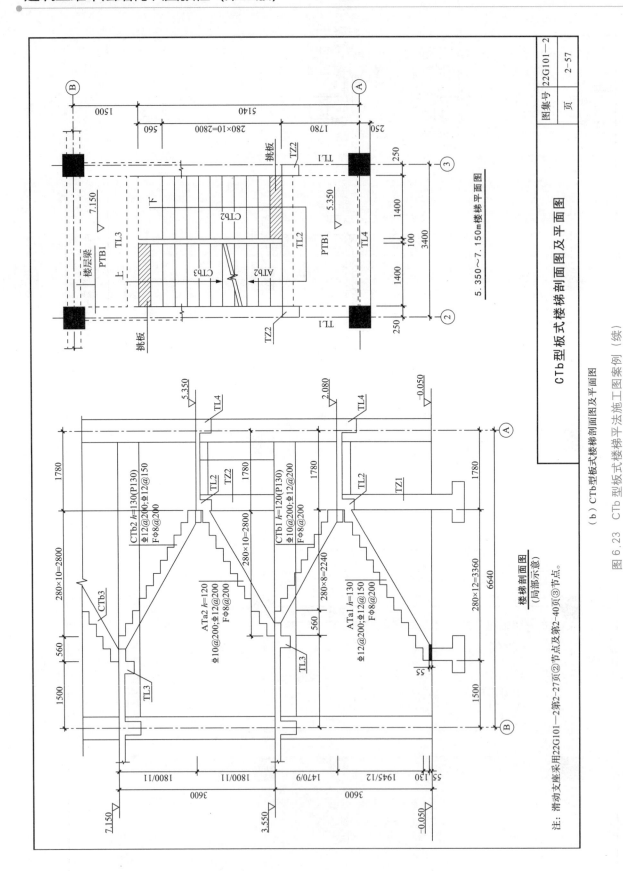

（b）CTb 型板式楼梯剖面图及平面图

图 6.23　CTb 型板式楼梯平法施工图案例（续）

注：滑动支座采用22G101—2第2-27页②节点及第2-40页③节点。

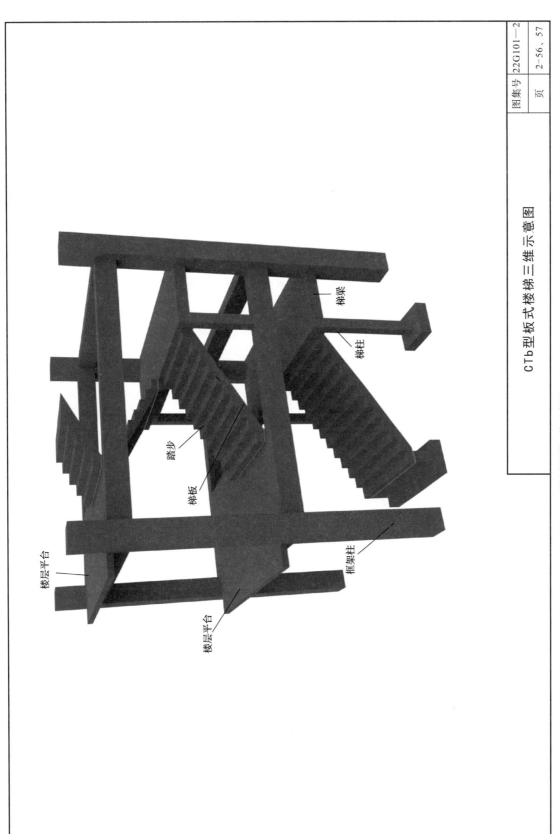

CTb型板式楼梯三维示意图

图集号 22G101—2

页 2—56、57

（c）CTb型板式楼梯三维示意图

图6.23 CTb型板式楼梯平法施工图案例（续）

拓展讨论

平法施工图是有序化、定量化的设计图纸，与其配套使用的标准图集可以重复使用，且使用平法制图规则的项目的图纸量仅为使用传统方法的1/3，在节约人力资源的同时还节约了自然资源。党的二十大报告指出，协同推进降碳、减污、扩绿、增长，推进生态优先、节约集约、绿色低碳发展。试讨论，你还知道建筑行业中哪些技术的引入体现了这一发展理念？

◀ 本 章 小 结 ▶

现浇混凝土板式楼梯分为 AT ～ GT、ATa、ATb、ATc、BTb、CTa、CTb、DTb 共 14 种类型，有平面注写、剖面注写和列表注写三种表示方法。其中平面注写包括集中标注和外围标注，剖面注写包括平面图注写和剖面图注写。通过学习本章内容，我们能够掌握楼梯平法施工图的识图方法，并能对识图案例进行识读。

◀ 习 题 ▶

结合 22G101—2 图集，完成以下习题。

单选题

1. 下面有关 BT 型板式楼梯描述正确的是 （ 　 ）。

   A. BT 型板式楼梯为有低端平板的一跑楼梯

   B. BT 型板式楼梯为有高端平板的一跑楼梯

   C. 低端、高端均为单边支座

   D. 板低端为三边支座、高端为单边支座

2. 板式楼梯所包含的构件内容一般有层间平板和 （ 　 ）。

   A. 踏步段　　　　　　　　　　B. 层间梯梁

   C. 楼层梯梁　　　　　　　　　D. 楼层平板

在线答题

基础平法识图

第7章

思维导图

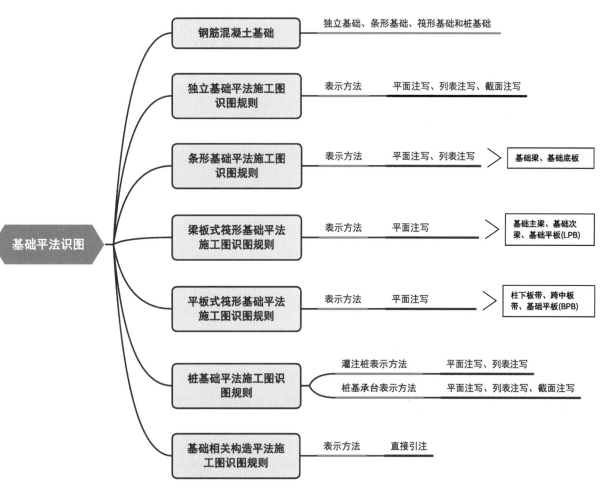

7.1 认识钢筋混凝土基础

基础是将建筑物承受的各种作用传递至地基的结构组成部分。基础按使用材料可分为灰土基础、砖基础、毛石基础、素混凝土基础和钢筋混凝土基础。本章主要讲解钢筋混凝土基础的平法识图规则。

7.1.1 认识钢筋混凝土独立基础

当建筑物上部结构采用框架结构或单层排架结构承重时，基础常采用方形、圆柱形和多边形的单独基础，这类基础称为钢筋混凝土独立基础，简称独立基础，又称单独基础，是整个或局部结构下方的无筋或配筋基础。独立基础可分为普通独立基础和杯口独立基础两种类型，按基础底板的截面形式又可分为阶形和锥形两种。

7.1.2 认识钢筋混凝土条形基础

钢筋混凝土条形基础简称条形基础，也称带形基础，一般基础长度超过基础宽度的 10 倍及以上的基础称为条形基础。条形基础一般布置在轴线上，会与其他两条及以上的轴线上的条形基础相交，有时也会与独立基柱相连。按上部结构形式，条形基础可分为墙下条形基础和柱下条形基础。

7.1.3 认识钢筋混凝土筏形基础

钢筋混凝土筏形基础简称筏形基础，也称片筏基础、筏板基础。当建筑物上部荷载较大而地基承载能力又比较弱时，用简单的独立基础或条形基础已不能适应地基变形的需要，这时常将墙或柱下基础连成一片，使整个建筑物的荷载承受在一块整板上，这种满堂式的板式基础称为筏形基础。筏形基础由于其底面积大，故可减小基底压力，同时也可提高地基土的承载力，并能更有效地增强基础的整体性，调整地基的不均匀沉降。

7.1.4 认识钢筋混凝土桩基础

钢筋混凝土桩基础是指由设置于岩土中的桩和承台共同组成的基础，简称桩基础。桩基础中，承台的作用是与若干根桩的顶部联结成整体，共同承受荷载。桩是竖直或倾斜的基础构件，其作用在于穿越软弱的高压缩性土层或水，将桩所承受的荷载传递到更硬、更密实或压缩性较小的地基持力层上，又称基桩。特殊情况下，桩可直接与上部结构的框架柱联结，无需承台。

7.2 独立基础平法施工图识图规则

7.2.1 独立基础平法施工图的表示方法

1. 表示方法说明

独立基础平法施工图，有平面注写、截面注写和列表注写三种表达方式，通常根据具体工程情况选择一种，或将两种方式相结合进行独立基础的施工图表达。

在独立基础平面布置图中，独立基础平面与基础所支承的柱一起绘制。当设置基础联系梁时，可根据图面的疏密情况，基础联系梁既可与基础平面布置图绘制在一起，也可将基础联系梁单独绘制为基础联系梁布置图。

独立基础平面布置图上标注有基础定位尺寸。当独立基础的柱中心线或杯口中心线与建筑轴线不重合时，还标注有其定位尺寸。编号相同且定位尺寸相同的基础，可仅标注一个。

2. 独立基础编号

独立基础编号如表 7-1 所示。

表 7-1　独立基础编号

类　型	基础底板截面形状	类型代号	序　号
普通独立基础	阶　形	DJj	××
	锥　形	DJz	××
杯口独立基础	阶　形	BJj	××
	锥　形	BJz	××

7.2.2　独立基础平面注写方式的识图方法

识读独立基础的平面注写方式分为识读集中标注和原位标注两部分内容。

1. 集中标注

识读普通独立基础和杯口独立基础的集中标注，重点是在识读基础平面图上集中引注，包括基础编号、截面竖向尺寸、配筋三项必注内容，以及基础底面标高（与基础底面基准标高不同时）和必要的文字注解等选注内容。

💠 **特别提示**

识读素混凝土普通独立基础的集中标注的方法，除无基础配筋内容外均与钢筋混凝土普通独立基础相同。

独立基础集中标注的具体内容如下。

（1）独立基础编号，编号由代号和序号组成，见表 7-1 的规定。

（2）独立基础截面竖向尺寸。

① 普通独立基础。截面竖向尺寸为 $h_1/h_2/\cdots\cdots$。

a. 当基础为阶形截面时，如图 7.1 所示。

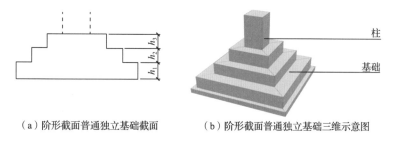

图 7.1
三维模型

（a）阶形截面普通独立基础截面　　（b）阶形截面普通独立基础三维示意图

图 7.1　阶形截面普通独立基础

【案例解析 7-1】

DJj01,500/400/400，表示阶形截面普通独立基础 01，竖向尺寸 h_1=500mm、h_2=400mm、h_3=400mm，基础底板总高度为 1300mm。

图 7.1 及案例解析 7-1 均为三阶独立基础，当为更多阶时，各阶尺寸自下而上用"/"分隔顺写。

当基础为单阶时，其竖向尺寸仅为一个，即为基础总高度，如图 7.2 所示。

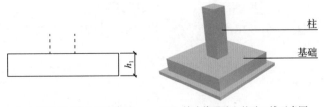

（a）单阶普通独立基础截面　（b）单阶普通独立基础三维示意图

图 7.2　单阶普通独立基础

b. 当基础为锥形截面时，截面竖向尺寸为 h_1/h_2，如图 7.3 所示。

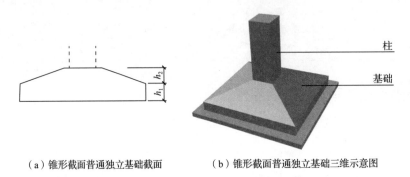

（a）锥形截面普通独立基础截面　（b）锥形截面普通独立基础三维示意图

图 7.3　锥形截面普通独立基础

【案例解析 7-2】

DJz01,450/400，表示锥形截面普通独立基础 01，竖向尺寸 h_1=450mm、h_2=400mm，基础底板总高度为 850mm。

② 杯口独立基础。

a. 当基础为阶形截面时，其竖向尺寸分两组，一组表达杯口内，另一组表达杯口外，两组尺寸以"，"分隔，其竖向尺寸为：a_0/a_1，$h_1/h_2/\cdots\cdots$，含义见图 7.4、图 7.5，其中 a_0 为杯口深度。

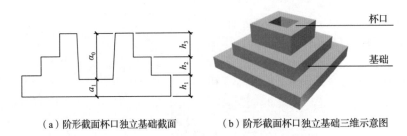

（a）阶形截面杯口独立基础截面　（b）阶形截面杯口独立基础三维示意图

图 7.4　阶形截面杯口独立基础

图 7.5
三维模型

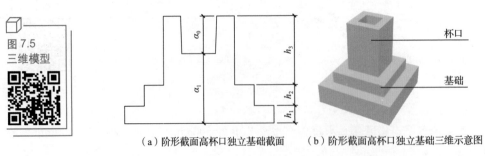

（a）阶形截面高杯口独立基础截面　（b）阶形截面高杯口独立基础三维示意图

图 7.5　阶形截面高杯口独立基础

b. 当基础为锥形截面时，其竖向尺寸为：a_0/a_1，$h_1/h_2/h_3\cdots\cdots$，含义见图 7.6 和图 7.7。

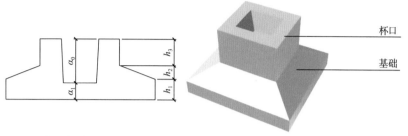

（a）锥形截面杯口独立基础截面　　　　（b）锥形截面杯口独立基础三维示意图

图 7.6　锥形截面杯口独立基础

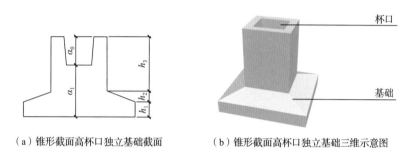

（a）锥形截面高杯口独立基础截面　　　（b）锥形截面高杯口独立基础三维示意图

图 7.7　锥形截面高杯口独立基础

（3）独立基础配筋。

① 独立基础底板配筋。普通独立基础和杯口独立基础的底部双向配筋内容如下。

a．以"B"代表各种独立基础底板的底部配筋。

b．x 向配筋以"X"打头、y 向配筋以"Y"打头；当两向配筋相同时，则以"X&Y"打头。

【案例解析 7-3】

B:XΦ18@150

　YΦ18@200

表示独立基础底板底部配置 HRB400 钢筋，x 向钢筋直径为 18mm，间距为 150mm；y 向钢筋直径为 18mm，间距为 200mm，如图 7.8 所示。

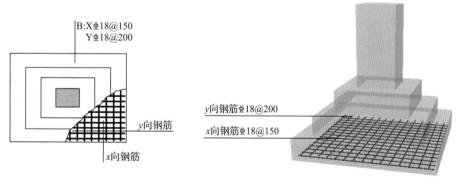

（a）底板底部双向配筋施工图表达　　　（b）底板底部双向配筋三维示意图

图 7.8　独立基础底板底部双向配筋

② 杯口独立基础顶部焊接钢筋网。以"Sn"打头表示杯口顶部焊接钢筋网的各边钢筋。

【案例解析 7-4】

Sn 2Φ16，表示单杯口独立基础杯口顶部配置由每边 2 根直径为 16mm 的 HRB400 级钢筋组成的焊接钢筋网，如图 7.9 所示。

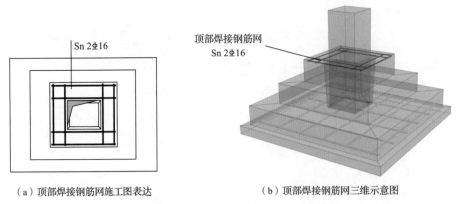

（a）顶部焊接钢筋网施工图表达　　　　（b）顶部焊接钢筋网三维示意图

图 7.9　单杯口独立基础顶部焊接钢筋网

【案例解析 7-5】

Sn 2Φ18，表示双杯口独立基础杯口每边和双杯口中间杯壁的顶部均配置由每边 2 根直径为 18mm 的 HRB400 级钢筋组成的焊接钢筋网（本图只表示双杯口顶部焊接钢筋网），如图 7.10 所示。

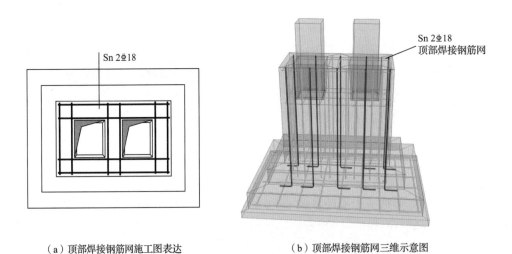

（a）顶部焊接钢筋网施工图表达　　　　（b）顶部焊接钢筋网三维示意图

图 7.10　双杯口独立基础顶部焊接钢筋网

注：当双杯口独立基础中间杯壁厚度小于 400mm 时，在中间杯壁中会配置构造筋，见 22G101—3 标准构造详图，图中不注明。

③ 高杯口独立基础的短柱配筋（亦适用于杯口独立基础杯壁有配筋的情况）具体内容如下。

a．"O"代表短柱配筋。

b．短柱纵筋和箍筋，注写形式为：角筋 /x 边中部筋 /y 边中部筋，箍筋（两种间距，短柱杯口壁内箍筋间距 / 短柱其他部位箍筋间距）。

【案例解析 7-6】

O 4Φ20/5Φ14/5Φ14

　Φ10@150/300

表示高杯口独立基础的短柱配置竖向纵筋和箍筋。其竖向纵筋为：角筋 4Φ20、x 边中部筋 5Φ14、y 边中部筋 5Φ14；其箍筋为直径 10mm 的 HPB300 级钢筋，短柱杯口壁内间距为 150mm，短柱其他部位间距为 300mm，如图 7.11 所示。

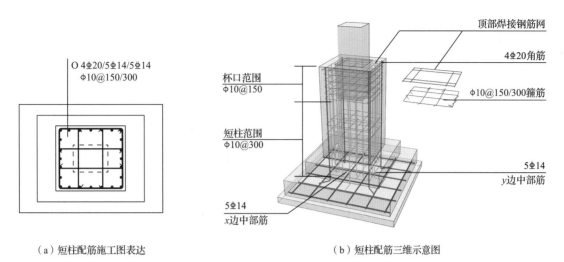

（a）短柱配筋施工图表达 （b）短柱配筋三维示意图

图 7.11 高杯口独立基础短柱配筋

c. 对于双高杯口独立基础的短柱配筋，注写方式与单高杯口独立基础相同，如图 7.12 所示。

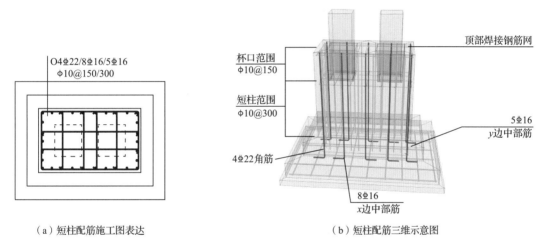

（a）短柱配筋施工图表达 （b）短柱配筋三维示意图

图 7.12 双高杯口独立基础短柱配筋

注：当双高杯口独立基础中间杯壁厚度小于 400mm 时，在中间杯壁中会配置构造筋，见 22G101—3 标准构造详图。

④ 普通独立基础带短柱竖向尺寸及钢筋。当独立基础埋深较大，设置短柱时，短柱配筋在独立基础中注写的具体内容如下。

a.“DZ”代表普通独立基础短柱。

b. 短柱纵筋、箍筋和短柱标高范围。其注写形式为：角筋 /x 边中部筋 /y 边中部筋，箍筋，短柱标高范围。

【案例解析 7-7】

DZ 4Φ20/5Φ18/5Φ18

Φ10@100

−2.500 ～ −0.150

表示独立基础的短柱在 −2.500 ～ −0.150m 标高范围内，配置竖向纵筋和箍筋。其竖向纵筋为：角筋 4Φ20、x 边中部筋 5Φ18、y 边中部筋 5Φ18；其箍筋为直径 10mm 的 HPB300 级钢筋，间距为 100mm，如图 7.13 所示。

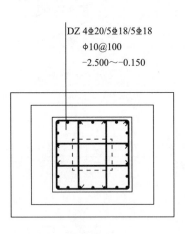

DZ 4Φ20/5Φ18/5Φ18
Φ10@100
−2.500～−0.150

（a）短柱配筋施工图表达

（b）短柱配筋三维示意图

图 7.13　独立基础短柱配筋

2. 原位标注

钢筋混凝土和素混凝土独立基础的原位标注，重点是基础平面布置图上标注独立基础的平面尺寸。相同编号的基础只选择一个进行原位标注，其他相同编号者仅注明编号。

原位标注的具体内容如下。

（1）普通独立基础。

原位标注 x、y，x_i、y_i，$i=1$，2，3…。其中，x、y 为普通独立基础两向边长，x_i、y_i 为阶宽或锥形平面尺寸（当设置短柱时，短柱对轴线的定位情况用 x_{DZi} 和 y_{DZi} 表示）。

① 对称阶形截面普通独立基础的原位标注，见图 7.14；非对称阶形截面普通独立基础的原位标注，见图 7.15；设置短柱的独立基础的原位标注，见图 7.16。

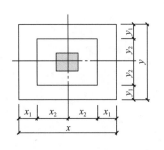

（a）对称阶形截面普通独立基础施工图表达

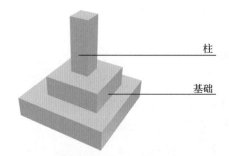

（b）对称阶形截面普通独立基础三维示意图

图 7.14　对称阶形截面普通独立基础

图 7.15
三维模型

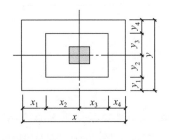

（a）非对称阶形截面普通独立基础施工图表达

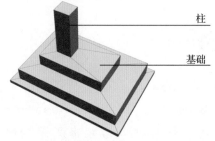

（b）非对称阶形截面普通独立基础三维示意图

图 7.15　非对称阶形截面普通独立基础

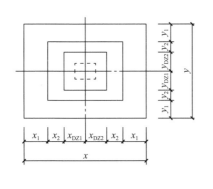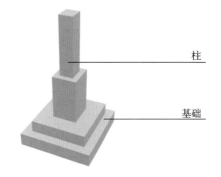

（a）设置短柱的独立基础施工图表达　　　　（b）设置短柱的独立基础三维示意图

图 7.16　设置短柱的独立基础

② 对称锥形截面普通独立基础的原位标注，见图 7.17；非对称锥形截面普通独立基础的原位标注，见图 7.18。

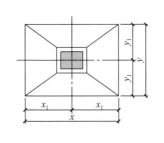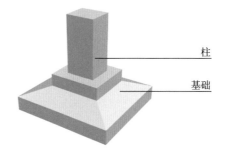

（a）对称锥形截面普通独立基础施工图表达　　　（b）对称锥形截面普通独立基础三维示意图

图 7.17　对称锥形截面普通独立基础

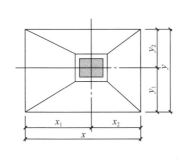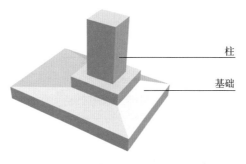

（a）非对称锥形截面普通独立基础施工图表达　　（b）非对称锥形截面普通独立基础三维示意图

图 7.18　非对称锥形截面普通独立基础

（2）杯口独立基础。

原位标注 x、y，x_u、y_u，x_{ui}、y_{ui}，t_i，x_i、y_i，$i=1，2，3\cdots$。其中，x、y 为杯口独立基础两向边长；x_u、y_u 为杯口上口尺寸；x_{ui}、y_{ui} 为杯口上口边到轴线的尺寸；t_i 为杯壁上口厚度，下口厚度为 t_i+25mm；x_i、y_i 为阶宽或锥形截面尺寸。

① 阶形截面杯口独立基础的原位标注，见图 7.19 和图 7.20。高杯口独立基础的原位标注方法与杯口独立基础完全相同。

图 7.19
三维模型

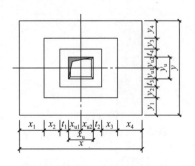

（a）对称阶形截面杯口独立基础施工图表达

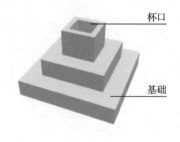

（b）对称阶形截面杯口独立基础三维示意图

图 7.19　对称阶形截面杯口独立基础

图 7.20
三维模型

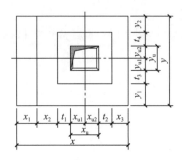

（a）非对称阶形截面杯口独立基础施工图表达

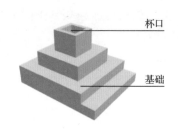

（b）非对称阶形截面杯口独立基础三维示意图

图 7.20　非对称阶形截面杯口独立基础

② 锥形截面杯口独立基础的原位标注，见图 7.21 和图 7.22。高杯口独立基础的原位标注方法与杯口独立基础完全相同。

图 7.21
三维模型

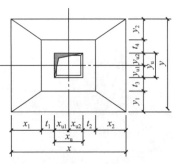

（a）对称锥形截面杯口独立基础施工图表达

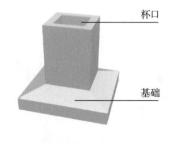

（b）对称锥形截面杯口独立基础三维示意图

图 7.21　对称锥形截面杯口独立基础

图 7.22
三维模型

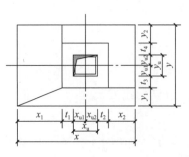

（a）非对称锥形截面杯口独立基础施工图表达

（b）非对称锥形截面杯口独立基础三维示意图

图 7.22　非对称锥形截面杯口独立基础

3．集中标注和原位标注综合表达

（1）普通独立基础。

普通独立基础综合采用平面注写方式的集中标注和原位标注进行施工图表达，见图7.23（a）。其表达解析和三维示意图见图7.23（b）、（c）。带短柱独立基础综合采用平面注写方式的集中标注和原位标注进行施工图表达，见图7.24（a）。其表达解析和三维示意图见图7.24（b）、（c）。

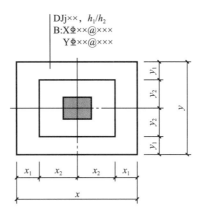

（a）普通独立基础施工图表达

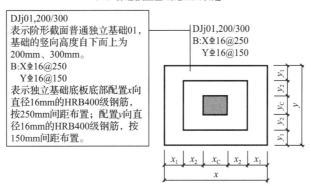

（b）普通独立基础表达解析

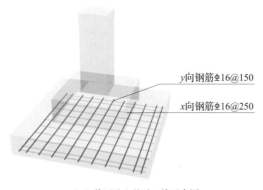

（c）普通独立基础三维示意图

图7.23　普通独立基础平面注写方式综合表达

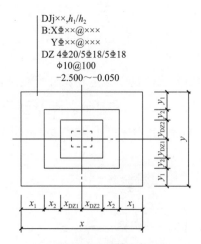

（a）带短柱独立基础施工图表达

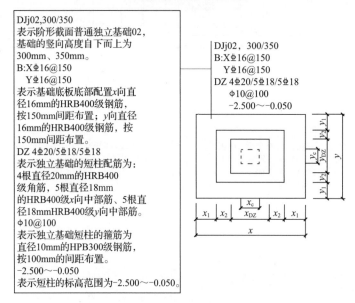

（b）带短柱独立基础表达解析

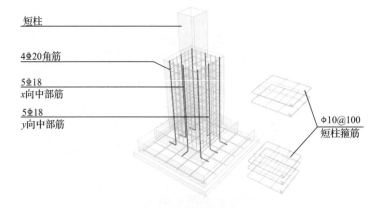

（c）带短柱独立基础三维示意图

图7.24　带短柱独立基础平面注写方式综合表达

（2）杯口独立基础。

杯口独立基础综合采用平面注写方式的集中标注和原位标注进行施工图表达，见图7.25（a）。其表达解析和三维示意图见图 7.25（b）、（c）。在图 7.25（a）中，集中标注的第三、四行内容表达高杯口独立基础短柱的竖向纵筋和横向箍筋；当为杯口独立基础时，集中标注通常为第一、二、五行的内容。

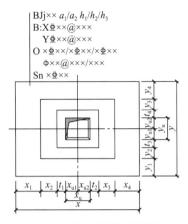

（a）杯口独立基础施工图表达

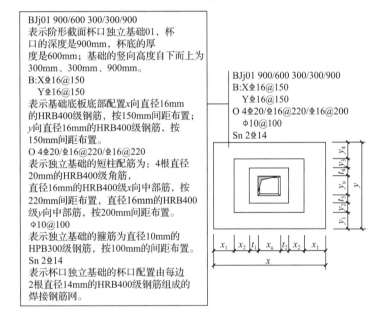

（b）杯口独立基础表达解析

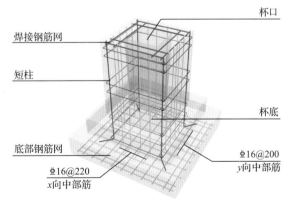

（c）杯口独立基础三维示意图

图 7.25　杯口独立基础平面注写方式综合表达

4. 多柱独立基础

独立基础通常为单柱独立基础，也可为多柱独立基础（双柱或四柱等）。多柱独立基础的编号、几何尺寸和配筋的注写方法与单柱独立基础相同。

（1）双柱独立基础底板顶部配筋。

双柱独立基础的顶部配筋，通常对称分布在双柱中心线两侧。以大写字母"T"打头，表达为：双柱间纵向受力筋/分布筋。当纵向受力筋在基础底板顶面非满布时，施工图中会注明其总根数。

【案例解析7-8】

T:11Φ20@100/Φ10@200，表示独立基础顶部配置HRB400级纵向受力筋，直径为20mm，设置11根，间距为100mm；配置HPB300级分布筋，直径为10mm，间距为200mm，如图7.26所示。

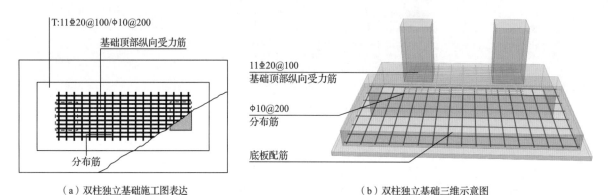

（a）双柱独立基础施工图表达　　　　　　　　（b）双柱独立基础三维示意图

图7.26　双柱独立基础顶部配筋

（2）双柱独立基础的基础梁配筋。

双柱独立基础为基础底板与基础梁相结合时，会注明基础梁编号、几何尺寸和配筋。

编号JL××（1）表示该基础梁为一跨，两端无外伸；JL××（1A）表示该基础梁为一跨，一端有外伸；JL××（1B）表示该基础梁为一跨，两端均有外伸。

通常情况下，双柱独立基础宜采用端部有外伸的基础梁，基础底板则配置受力明确、构造简单的单向受力筋与分布筋。基础梁宽度宜比柱截面宽出不小于100mm（每边不小于50mm）。基础梁的识图规则与条形基础的基础梁相同（详见本书7.3节）。

【案例解析7-9】

JL02(1B)

350×800 Φ16@100(4)

B:4Φ25;T:4Φ25

G4Φ10

表示基础梁02，一跨，两端有外伸；基础梁截面尺寸为350mm×800mm，箍筋为直径16mm的HRB300级钢筋，四肢箍，按100mm间距布置；基础梁下部贯通筋为4根直径25mm的HRB400级钢筋，上部贯通筋为4根直径25mm的HRB400级钢筋；基础梁腰部设置的构造筋为4根直径10mm的HRB400级钢筋，如图7.27所示。

（3）双柱独立基础的底板配筋。

双柱独立基础底板的配筋，可以按条形基础底板的识图规则识读（详见本书7.3节），也可以按独立基础底板的识图规则识读，其施工图表达见图7.27（a）。

（4）设置两道基础梁的四柱独立基础底板顶部配筋。

当四柱独立基础已设置两道平行的基础梁时，根据内力需要可在双梁之间及梁的长度范围内配置基础顶部钢筋，表达形式为：受力筋/分布筋。

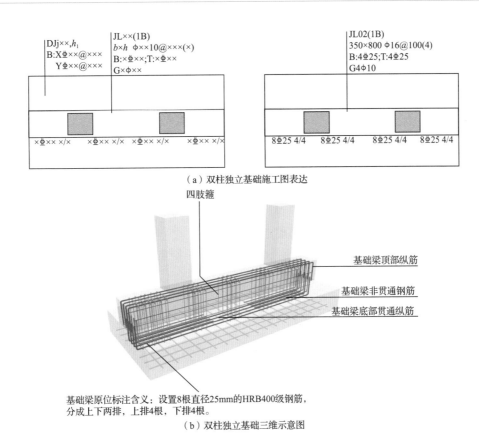

（a）双柱独立基础施工图表达

四肢箍

基础梁顶部纵筋

基础梁非贯通钢筋

基础梁底部贯通纵筋

基础梁原位标注含义：设置8根直径25mm的HRB400级钢筋，
分成上下两排，上排4根，下排4根。

（b）双柱独立基础三维示意图

图7.27　双柱独立基础基础梁配筋

【案例解析7-10】

T:Φ18@120/ϕ10@200，表示在四柱独立基础顶部两道基础梁之间配置的受力筋为HRB400级钢筋，直径为18mm，间距为120mm；分布筋为HPB300级钢筋，直径为10mm，间距为200mm，如图7.28所示。

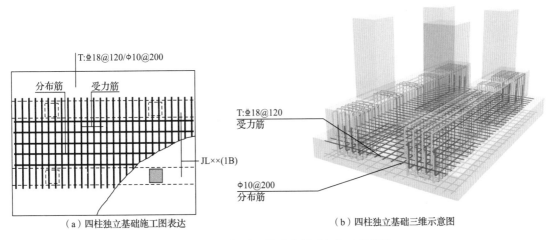

（a）四柱独立基础施工图表达

（b）四柱独立基础三维示意图

图7.28　四柱独立基础底板顶部基础梁配筋

平行设置两道基础梁的四柱独立基础底板顶部配筋，也可按双梁条形基础底板顶部配筋的识图规则识读（详见本书7.3节）。

7.2.3　独立基础截面注写方式的识图方法

识读独立基础的截面注写，首先应读出基础平面布置图上所有基础的编号，其次读出独立基础的平面尺寸，再次读出用剖面号引出的对应截面图。对相同编号的基础，仅有一个截面图有标注。

对单个基础截面标注的识图方法，与传统单构件正投影基本相同。

7.2.4 独立基础列表注写方式的识图方法

识读独立基础列表注写方式，应读出基础平面布置图上所有基础的编号。

多个同类基础，一般采用列表注写（结合平面和截面图）的方式进行集中表达。因此，需能读懂表中内容。表中内容为基础截面的几何数据和配筋等，在平面和截面图上则标有与表中栏目相对应的代号。

1. 普通独立基础

普通独立基础列表集中注写项目包括以下内容。

（1）基础编号 / 截面号，应符合表 7-1 的规定。

（2）截面几何尺寸：水平尺寸 x、y，x_i、y_i，$i=1$，2，3…；竖向尺寸 $h_1/h_2/\cdots\cdots$。

（3）底部配筋（B）为 B:XΦ××@×××,YΦ××@×××。

普通独立基础列表格式如表 7-2 所示。

表 7-2 普通独立基础几何尺寸和配筋表

基础编号 ／ 截面号	截面几何尺寸						底部配筋（B）	
	x	y	x_i	y_i	h_1	h_2	x 向	y 向

注：表中会根据实际情况增加栏目。例如，当基础底面标高与基础底面基准标高不同时，加注基础底面标高；当为双柱独立基础时，加注基础顶部配筋或基础梁几何尺寸和配筋；当设置短柱时，加注短柱尺寸及配筋等。

2. 杯口独立基础

杯口独立基础列表集中注写项目包括以下内容。

（1）基础编号 / 截面号，应符合表 7-1 的规定。

（2）截面几何尺寸：水平尺寸 x、y，x_u、y_u，x_{ui}、y_{ui}，t_i，x_i、y_i，$i=1$，2，3…；竖向尺寸 a_0/a_1，$h_1/h_2/h_3\cdots\cdots$。

（3）底部配筋（B）为 B:XΦ××@×××,YΦ××@×××。

（4）杯口顶部钢筋网（Sn）为 Sn×Φ××。

（5）短柱配筋（O）为 O×Φ××/×Φ××/×Φ××,ϕ××@×××/×××。

杯口独立基础列表格式如表 7-3 所示。

表 7-3 杯口独立基础几何尺寸和配筋表

基础编号／截面号	截面几何尺寸								底部配筋（B）		杯口顶部钢筋网（Sn）	短柱配筋（O）	
	x	y	x_i	y_i	α_0	α_1	H_1	H_2	x 向	y 向		角筋／x 边中部筋／y 边中部筋	杯口壁箍筋／其他部位箍筋

注：1. 表中会根据实际情况增加栏目。当基础底面标高与基础底面基准标高不同时，加注基础底面标高，或增加说明栏目等。

2. 短柱配筋适用于高杯口独立基础，并适用于杯口独立基础杯壁有配筋的情况。

7.2.5 独立基础平法施工图识图案例

独立基础平法施工图识图案例如图 7.29、图 7.30 所示。

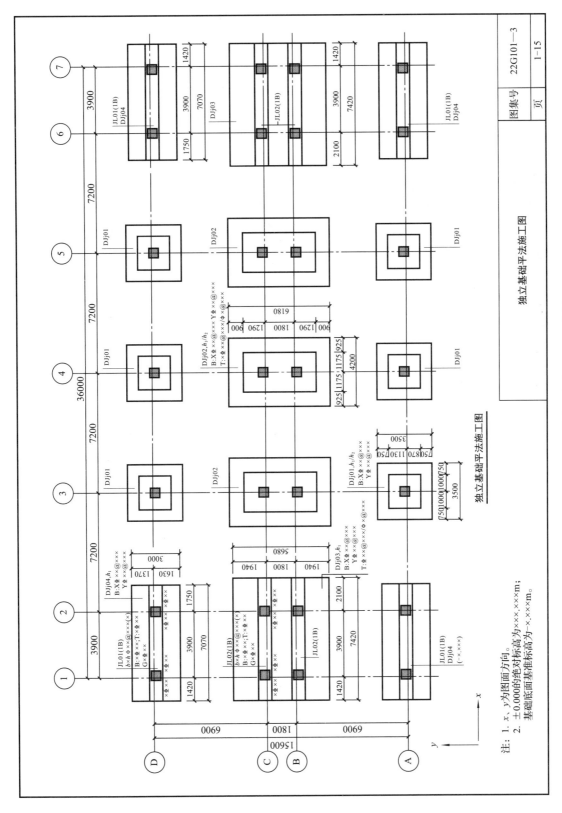

图 7.29 独立基础平法施工图识图案例

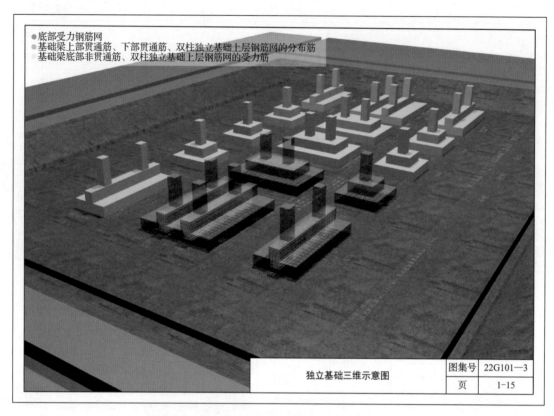

图 7.30 独立基础平法施工图识图案例三维示意图

现以图 7.31～图 7.34 所示构件详图为例，对独立基础平法施工图识图案例中各基础进行案例解析。

【案例解析 7-11】

DJj01,200/300

B: X⚭16@150

   Y⚭16@150

表示独立基础 01，阶梯高度自下而上为 200mm 和 300mm；基础底部沿 x 向布置间距的 150mm、直径为 16mm 的 HRB400 级钢筋，沿 y 向布置间距为 150mm、直径为 16mm 的 HRB400 级钢筋，如图 7.31 所示。

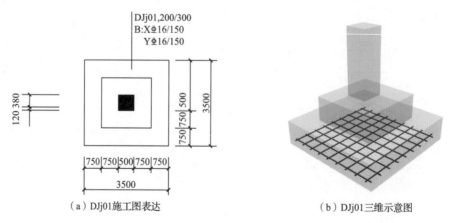

（a）DJj01施工图表达   （b）DJj01三维示意图

图 7.31 案例解析——DJj01

【案例解析 7-12】

有基础梁的独立基础，分别标注独立基础和基础梁的集中标注。

DJj04,300

B:XΦ16@200

　YΦ16@100

表示独立基础 04，阶梯高度由下至上为 300mm；基础底部沿 x 向布置间距为 200mm、直径为 16mm 的 HRB400 级钢筋，沿 y 向布置间距为 100mm、直径为 16mm 的 HRB400 级钢筋，如图 7.32 所示。

JL01(1B)

700×1000　ϕ10@150(4)

B:4Φ25;T:4Φ25

G4Φ10

表示基础梁 01，截面尺寸为 700mm×1000mm；基础梁箍筋为 4 跨直径 10mm 的 HPB300 级钢筋；基础梁下部贯通筋为 4 根直径 25mm 的 HRB400 级钢筋，上部贯通筋为 4 根直径 25mm 的 HRB400 级钢筋；基础梁的腰部设置 4 根直径 10mm 的 HRB400 级构造筋，如图 7.32 所示。

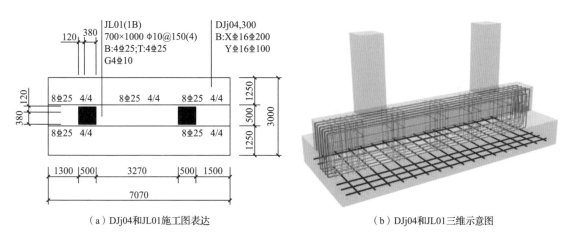

（a）DJj04和JL01施工图表达　　　　　　　　（b）DJj04和JL01三维示意图

图 7.32　案例解析——DJj04 和 JL01

【案例解析 7-13】

DJj02,300/400

B:XΦ16@150　YΦ16@150

T:11Φ16@100/ϕ6@200

表示独立基础 02，阶梯高度自下而上为 300mm 和 400mm；基础底部沿 x 向布置间距为 150mm、直径为 16mm 的 HRB400 级钢筋，沿 y 向布置间距为 150mm、直径为 16mm 的 HRB400 级钢筋；基础顶部布置 11 根间距为 100mm、直径为 16mm 的 HRB400 级受力筋和间距为 200mm、直径为 6mm 的 HPB300 级分布筋，如图 7.33 所示。

【案例解析 7-14】

配置两道基础梁的四柱独立基础，分别标注独立基础和基础梁的集中标注。

DJj03,300

B:XΦ16@150

　YΦ16@150

T:Φ16@100/ϕ8@200

表示独立基础 03，底板厚度为 300mm；基础底板沿 x 向、y 向均布置间距为 150mm、直径为

16mm 的 HRB400 级钢筋；基础底板顶部布置间距为 100mm、直径为 16mm 的 HRB400 级受力筋和间距为 200mm、直径为 8mm 的 HPB300 级分布筋，如图 7.34 所示。

JL02(1B)

700×1000 Φ10@200(4)

B:4Φ25;T:4Φ25

G4Φ10

表示基础梁 02，截面尺寸为 700mm×1000mm；基础梁箍筋为间距 200mm、直径 10mm 的 HPB300 级钢筋，四肢箍；基础底部为 4 根直径为 25mm 的 HRB400 级贯通筋，顶部为 4 根直径为 25mm 的 HRB400 级贯通筋；基础梁的腰部设置 4 根直径为 10mm 的 HRB400 级构造筋，如图 7.34 所示。

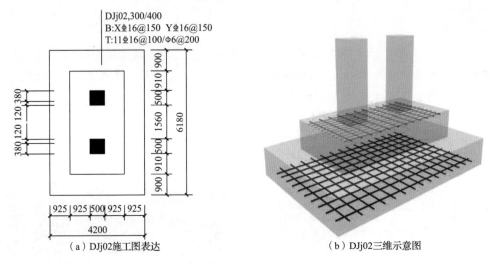

图 7.33　案例解析——DJj02

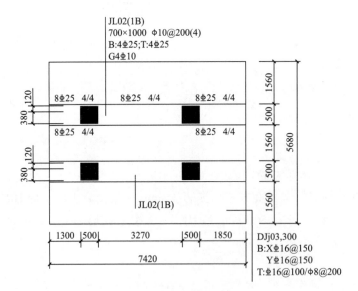

图 7.34　案例解析——DJj03 和 JL02

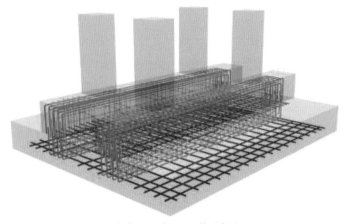

（b）DJj03和JL02三维示意图

图7.34　案例解析——DJj03 和 JL02（续）

7.3 条形基础平法施工图识图规则

7.3.1 条形基础平法施工图的表示方法

1．表示方法说明

条形基础平法施工图，有平面注写和列表注写两种表达方式，通常根据具体工程情况选择一种，或将两种方式相结合进行表达。

条形基础整体上可分为以下两类。

（1）梁板式条形基础。该类条形基础适用于钢筋混凝土框架结构、钢筋混凝土框架–剪力墙结构、钢筋混凝土部分框支剪力墙结构，以及钢结构。平法施工图将梁板式条形基础分解为基础梁和条形基础底板分别进行表达。

（2）板式条形基础。该类条形基础适用于钢筋混凝土剪力墙结构和砌体结构。平法施工图仅表达条形基础底板。

2．条形基础编号

条形基础编号分为基础梁编号和条形基础底板编号，编号规定如表7-4所示。

表7-4　条形基础编号

类　　型		类型代号	序　　号	跨数及有无外伸
基础梁		JL	××	
条形基础底板	坡形	TJBp	××	（××）、（××A）或（××B）
	阶形	TJBj	××	

注：条形基础通常采用坡形截面或单阶形截面。

7.3.2 基础梁平面注写方式的识图方法

基础梁的平面注写方式的识读分为识读集中标注和原位标注两部分内容。当基础梁的某部位采用原位标注时，则集中标注的数值不适用于该部位。施工时，优先识读原位标注内容。

1. 集中标注

基础梁的集中标注内容包括：基础梁编号、截面尺寸和配筋三项必注内容，以及基础梁底面标高（与基础底面基准标高不同时）和必要的文字注解两项选注内容。其中必注具体容如下。

（1）基础梁编号，见表7-4。

（2）基础梁截面尺寸。$b \times h$，表示梁截面宽度与高度。$b \times h\ Yc_1 \times c_2$ 表示竖向加腋基础梁，其中 c_1 为腋长，c_2 为腋高，如图 7.35 所示。

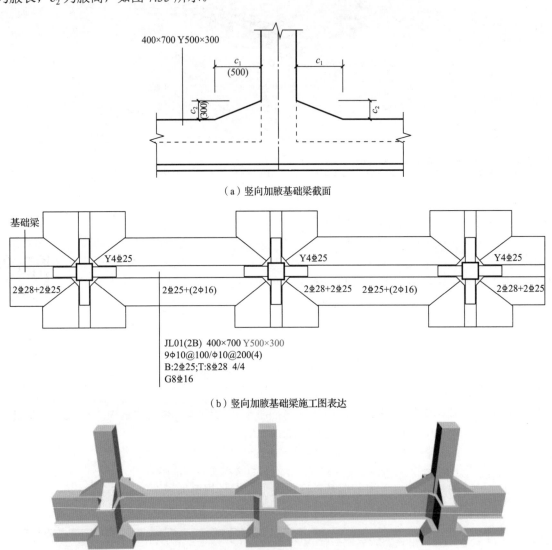

（a）竖向加腋基础梁截面

（b）竖向加腋基础梁施工图表达

（c）竖向加腋基础梁三维示意图

图 7.35　竖向加腋基础梁

（3）基础梁配筋。

① 基础梁箍筋。

a. 当仅采用一种箍筋间距时，集中标注表示钢筋种类直径、间距与肢数（箍筋肢数写在括号内）。

b. 当采用两种箍筋时，用"/"分隔不同箍筋，按照从基础梁两端向跨中的顺序进行表达。先表示第一段箍筋（在前面加注箍筋道数），在斜线后再表示第二段箍筋（不再加注箍筋道数）。

💿 特别提示

为了更好地表现基础梁钢筋，本节的条形基础三维示意图都隐藏了条形基础底板配筋，在后文中将单独介绍其结构配筋。识图时请将三维示意图与平面图对照。

【案例解析 7-15】

6Φ16@100/Φ16@200(4)，表示配置两种间距的箍筋，直径均为 16mm；从梁两端起向跨内配置 HPB300 级箍筋，间距为 100mm，每端各设置 6 道；梁其余部位的箍筋为 HRB400 级钢筋，间距为 200mm；所有箍筋均为四肢箍，如图 7.36 所示。

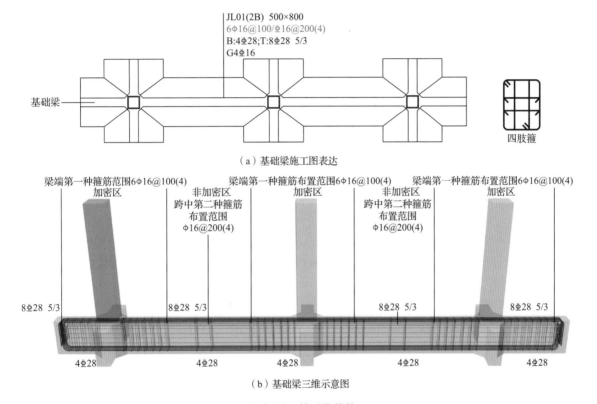

图 7.36　基础梁箍筋

② 基础梁底部、顶部及侧面纵筋。

a. "B"打头表示基础梁底部贯通纵筋（不应少于底部受力钢筋总截面面积的1/3）。当跨中所注根数少于箍筋肢数时，跨中增设基础梁底部架立筋以固定箍筋，用"+"将贯通纵筋与架立筋相联，加号后面的括号内表示架立筋。

b. "T"打头表示基础梁顶部贯通纵筋。将底部与顶部贯通纵筋用"；"分隔开，如有个别跨与其他跨不同，该跨顶部贯通纵筋采用原位标注。

c. 当底部或顶部贯通纵筋多于一排时，各排纵筋自上而下用"/"分开。

【案例解析 7-16】

B:4Φ28;T:8Φ28 5/3，表示基础梁底部配置贯通纵筋为 4 根直径为 25mm 的 HRB400 级钢筋；基础梁顶部配置贯通纵筋上一排为 5 根直径为 28mm 的 HRB400 级钢筋，下一排为 3 根直径为 28mm 的 HRB400 级钢筋，共 8 根，如图 7.37 所示。

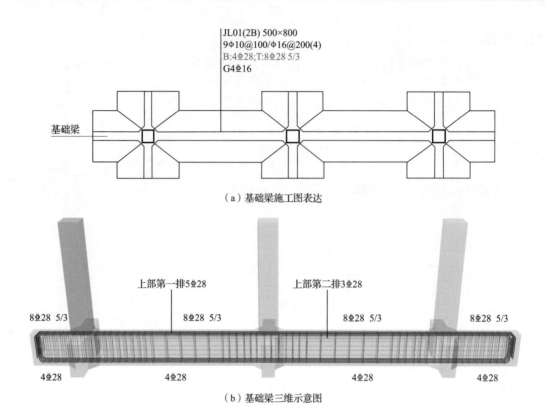

（a）基础梁施工图表达

（b）基础梁三维示意图

图 7.37　基础梁贯通纵筋

d．"G"打头表示基础梁两侧面对称设置的纵向构造筋（当梁腹板高度 $h_w \geqslant 450\text{mm}$ 时，构造筋根据需要配置）。当配置纵向抗扭筋时，基础梁两个侧面设置的纵向抗扭筋以"N"打头。

【案例解析 7-17】

G8⊕16，表示基础梁的两个侧面对称设置纵向构造筋 4⊕16，共配置 8⊕16，如图 7.38 所示。

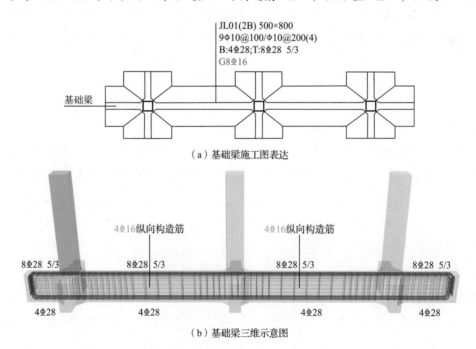

（a）基础梁施工图表达

（b）基础梁三维示意图

图 7.38　基础梁构造筋

【案例解析 7-18】

N4单20，表示基础梁的两个侧面共配置 4 根直径为 20mm 的 HRB400 级纵向抗扭筋，沿截面周边均匀对称设置，如图 7.39 所示。

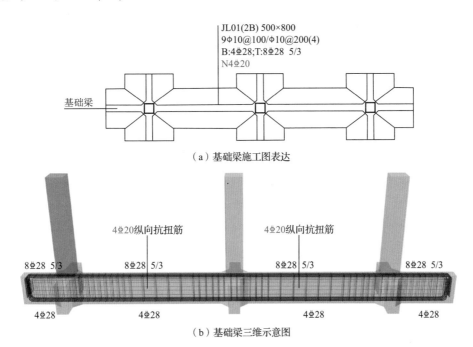

图 7.39　基础梁抗扭筋

2．原位标注

基础梁原位标注的要识读的内容如下。

（1）基础梁支座的底部纵筋，即包含贯通纵筋与非贯通纵筋在内的所有纵筋。

① 当底部纵筋多于一排时，各排纵筋用"/"自上而下分开。

② 当同排纵筋有两种直径时，两种直径的纵筋用"+"相连，其中角筋写在前面。

【案例解析 7-19】

2单28+2单25，表示基础梁支座底部有 4 根纵筋，其中两根直径为 28mm 的 HRB400 级纵筋分别放在基础梁的两个角部，两根直径为 25mm 的 HRB400 级纵筋放在中部，如图 7.40 所示。

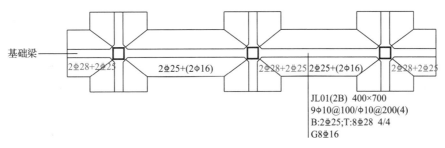

图 7.40　基础梁支座处配有两种底部纵筋

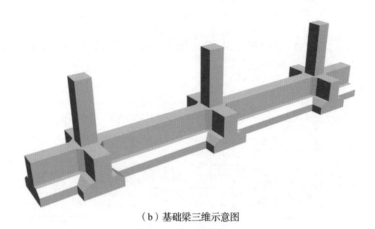

（b）基础梁三维示意图

图 7.40　基础梁支座处配有两种底部纵筋（续）

> 🌀 **特别提示**
>
> 　　图 7.40（a）中，2Φ28+2Φ25 表示同排不同直径纵筋。2Φ25(2Φ16) 表示两根直径 25mm 的 HRB400 级纵筋用两根直径 16mm 的 HRB300 级架立筋架立贯通。当箍筋肢数大于纵筋数时，采用架立筋架立非贯通钢筋以挂箍筋。

　　③ 当梁支座两边的底部纵筋配置不同时，在支座两边分别标注；当基础梁支座两边的底部纵筋相同时，在支座的一边标注。

　　④ 竖向加腋基础梁加腋部位钢筋，在设置加腋的支座处以"Y"打头注写在括号内。

【案例解析 7-20】

　　Y4Φ25，表示竖向加腋基础梁支座处加腋斜纵筋为 4 根直径为 25mm 的 HRB400 级钢筋，如图 7.41 所示。

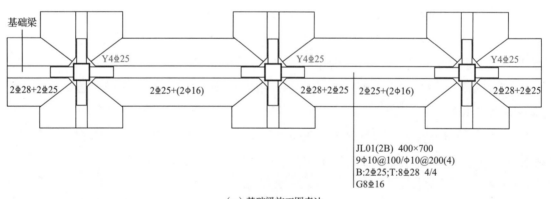

JL01(2B) 400×700
9Φ10@100/Φ10@200(4)
B:2Φ25;T:8Φ28 4/4
G8Φ16

（a）基础梁施工图表达

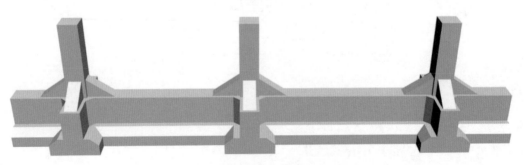

（b）基础梁三维示意图

图 7.41　基础梁竖向加腋部位钢筋

特别提示

对于底部在同一个平面上的梁（基础梁），当梁的支座两边配置不同的底部非贯通纵筋时，应先按较小一边的配筋值选配相同直径的纵筋贯穿支座，再按较大一边的配筋差值选配适当直径的钢筋锚入支座，避免造成支座两边大部分钢筋直径不相同的不合理配置结果。

当底部贯通纵筋经原位注写修正，出现两种不同配置的底部贯通纵筋时，应在两毗邻跨中配置较小一跨的跨中连接区域进行连接，即配置较大一跨的底部贯通纵筋需伸出至毗邻跨的跨中连接区域。

（2）当两向基础梁十字交叉，但交叉位置无柱时，基础梁根据需要在交叉处设置附加箍筋或（反扣）吊筋。

将附加箍筋或（反扣）吊筋直接画在平面图中条形基础主梁上，原位标注为其总配筋值（附加箍筋的肢数注在括号内），如图 7.42 所示。当多数附加箍筋或（反扣）吊筋相同时，一般在条形基础平法施工图上统一注明；当少数与统一注明值不同时，则在原位标注。

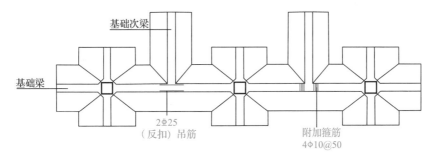

（a）附加箍筋及（反扣）吊筋施工图表达

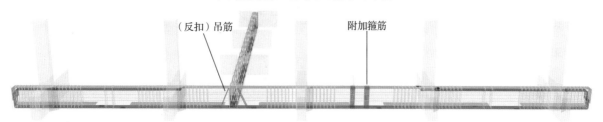

（b）附加箍筋及（反扣）吊筋三维示意图

图 7.42　基础梁附加箍筋及（反扣）吊筋

（3）当基础梁外伸部位采用变截面高度时，变截面高度尺寸表示为 $b \times h_1/h_2$，h_1 为根部截面高度，h_2 为尽端截面高度，如图 7.43 所示。

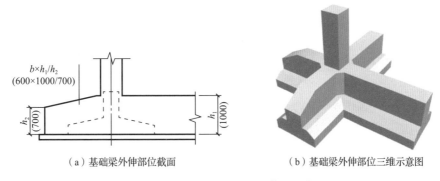

（a）基础梁外伸部位截面　　　　　　（b）基础梁外伸部位三维示意图

图 7.43　基础梁外伸部位变截面高度

（4）修正内容。

当在基础梁上集中标注的某项内容（如截面尺寸、箍筋、底部与顶部贯通纵筋或架立筋、梁侧面纵向构造筋、梁底面标高等）不适用于某跨或某外伸部位时，其修正内容原位标注在该跨或该外伸部位，施工时，优先识读原位标注。

当在多跨基础梁的集中标注中已注明竖向加腋，而该梁某跨根部不需要竖向加腋时，则该跨会原位标注截面尺寸 $b \times h$，以修正集中标注中的竖向加腋要求，如图 7.44 所示。

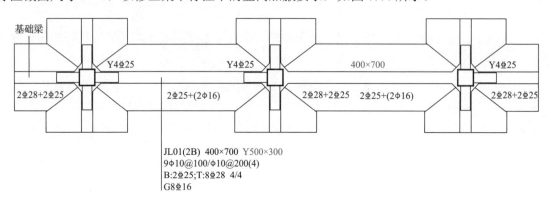

（a）基础梁竖向加腋施工图表达

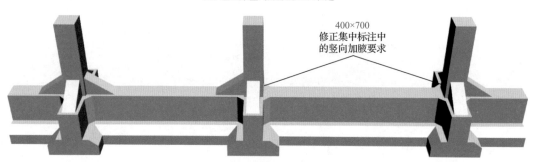

（b）基础梁竖向加腋三维示意图

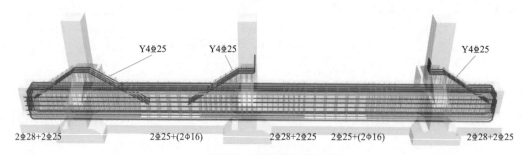

（c）基础梁竖向加腋钢筋三维示意图

图 7.44　基础梁竖向加腋原位标注修正

3．基础梁底部非贯通纵筋的长度规定

为方便施工，对于基础梁柱下区域底部非贯通纵筋的伸出长度 a_0 值：当配置不多于两排时，在 22G101—3 标准构造详图中统一取值，为自柱边向跨内伸出至 $l_n/3$ 位置；当配置多于两排时，从第三排起向跨内伸出长度值由设计人员注明。

l_n 的取值规定为：边跨边支座的底部非贯通纵筋，l_n 取本边跨的净跨长度值；对于中间支座的底部非贯通纵筋，l_n 取支座两边较大一跨的净跨长度值。

基础梁底部非贯通纵筋配置如图 7.45 所示。

顶部贯通纵筋在其连接区内采用搭接、机械连接或焊接。同一连接区段内接头面积百分率不宜大于50%。当钢筋长度可穿过一连接区到下一连接区并满足连接要求时，宜穿越设置

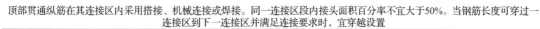

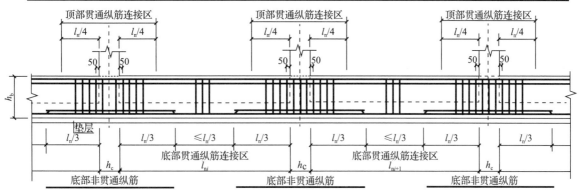

（a）基础梁底部非贯通纵筋构造

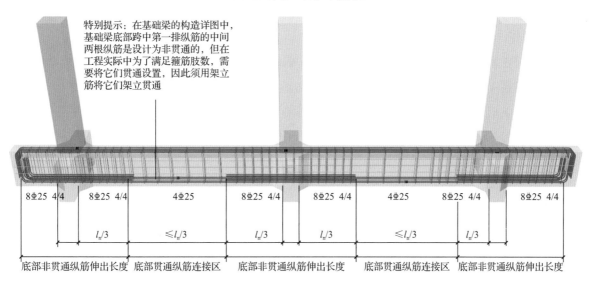

（b）基础梁底部非贯通纵筋三维示意图

图7.45　基础梁底部非贯通纵筋配置

　　基础梁外伸部位底部第一排纵筋伸出至梁端头并全部上弯，其他排纵筋伸至梁端头后截断，如图7.46所示。

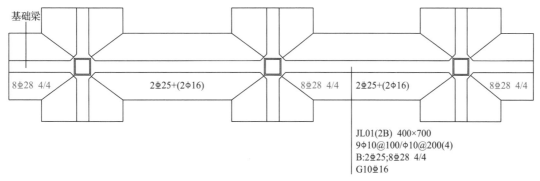

（a）底部第一排和第二排纵筋施工图表达

图7.46　基础梁外伸部位底部第一排和第二排纵筋

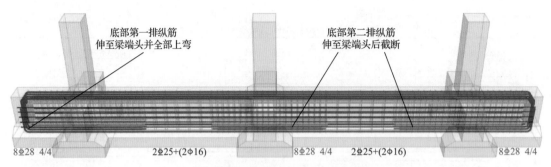

（b）底部第一排和第二排纵筋三维示意图

图 7.46　基础梁外伸部位底部第一排和第二排纵筋（续）

注：图中标注的底部第二排纵筋，是指从下往上数第二排纵筋。

7.3.3　条形基础底板平面注写方式的识图方法

条形基础底板平面注写方式的识图，分为识读集中标注和原位标注两部分内容。

1. 集中标注

条形基础底板的集中标注主要内容为：条形基础底板编号、截面竖向尺寸、配筋三项必注内容，以及条形基础底板底面标高（与基础底面基准标高不同时）、必要的文字注解两项选注内容。

素混凝土条形基础底板的集中标注，除无底板配筋内容，注写方法与钢筋混凝土条形基础底板相同。

条形基础底板集中标注必注的具体内容如下。

（1）条形基础底板编号，编号由代号和序号组成，见表7-4规定。

（2）条形基础底板截面竖向尺寸。截面竖向尺寸 $h_1/h_2/\cdots\cdots$。

① 图7.47所示条形基础底板为坡形截面，其截面竖向尺寸为 h_1/h_2。

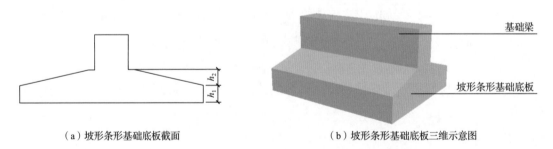

（a）坡形条形基础底板截面　　　　　　　（b）坡形条形基础底板三维示意图

图 7.47　坡形条形基础底板

【案例解析 7-21】

TJBp01,500/250，表示条形基础01底板为坡形截面，其截面竖向尺寸 h_1=500mm，h_2=250mm，基础底板总高度为750mm。

② 当条形基础底板为阶形截面时，如图7.48所示。

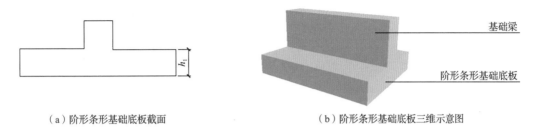

（a）阶形条形基础底板截面 　　　　（b）阶形条形基础底板三维示意图

图 7.48　阶形条形基础底板

【案例解析 7-22】

TJBj02,500，表示条形基础 02 底板为阶形截面，其截面竖向尺寸 h_1=500mm，即基础底板总高度为 500mm。

图 7.48 所示为单阶条形基础底板。多阶条形基础底板各阶尺寸自下而上以"/"分隔顺写，如图 7.49所示。

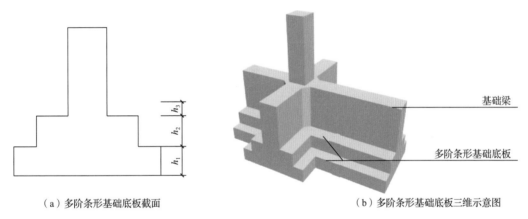

（a）多阶条形基础底板截面 　　　　（b）多阶条形基础底板三维示意图

图 7.49　多阶条形基础底板

③ 条形基础底板底部及顶部配筋。以"B"打头表示条形基础底板底部的横向受力筋；以"T"打头表示条形基础底板顶部的横向受力筋。条形基础底板的横向受力筋与纵向分布筋用"/"分隔。

【案例解析 7-23】

B:Φ16@150/Φ8@250，表示条形基础底板底部配置 HRB400 横向受力筋，直径为 16mm，间距为150mm；配置 HPB300 纵向分布筋，直径为 8mm，间距为 150mm，如图 7.50 所示。

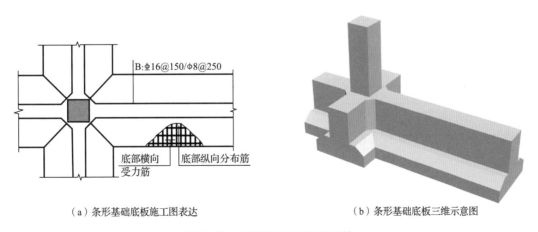

（a）条形基础底板施工图表达 　　　　（b）条形基础底板三维示意图

图 7.50　条形基础底板底部配筋

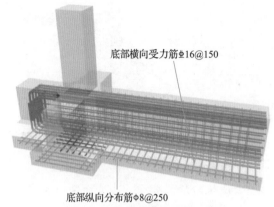

（c）条形基础底板底部配筋三维示意图

图 7.50　条形基础底板底部配筋（续）

双梁（或双墙）条形基础底板，除在底板底部配置钢筋外，一般还在两根梁（或两道墙）之间的底板顶部配置钢筋，其中横向受力筋的锚固长度 l_a 从梁的内边缘（或墙内边缘）起算，如图 7.51 所示。

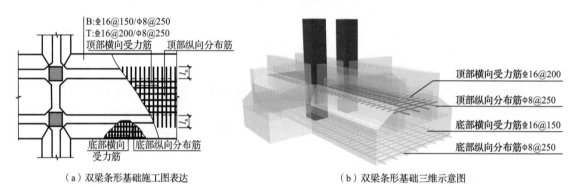

（a）双梁条形基础施工图表达　　　　　　　（b）双梁条形基础三维示意图

图 7.51　双梁条形基础底板配筋

2．原位标注

（1）条形基础底板的平面定位尺寸使用原位标注 b、b_i，$i=1$，$2\cdots$。其中，b 为基础底板总宽度，b_i 为基础底板台阶的宽度，如图 7.52 所示。当基础底板采用对称于基础梁的坡形截面或单阶形截面时，b_i 不注写。

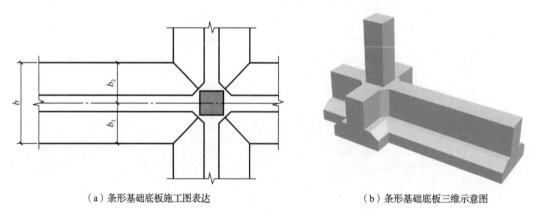

（a）条形基础底板施工图表达　　　　　　　（b）条形基础底板三维示意图

图 7.52　条形基础底板平面定位尺寸原位标注

识读素混凝土条形基础底板原位标注的方法与钢筋混凝土条形基础底板相同。

（2）修正内容。当在条形基础底板上集中标注的某项内容，如底板截面竖向尺寸、底板配筋、底板底面标高等，不适用于条形基础底板的某跨或某外伸部分时，其修正内容会原位标注在该跨或该外伸部位，施工时，优先识读原位标注。

7.3.4 条形基础列表注写方式的识图方法

识读条形基础列表注写方式，应读出基础平面布置图上所有条形基础的编号。

多个条形基础一般采用列表注写（结合截面示意图）的方式进行集中表达。因此，需要读懂表中内容。表中内容为条形基础截面的几何尺寸和配筋，截面示意图上则标注与表中栏目相对应的编号。列表注写的具体内容如下。

1. 基础梁

基础梁列表集中注写项目包括以下内容。

（1）基础梁编号/截面号：注写 JL××（××）、JL××（××A）或 JL××（××B）。

（2）截面几何尺寸：注写梁截面宽度与高度 $b \times h$；竖向加腋梁表示为 $b \times h$ Y$c_1 \times c_2$，其中 c_1 为腋长，c_2 为腋高。

（3）配筋：注写基础梁底部贯通纵筋 + 非贯通纵筋，顶部贯通纵筋，箍筋。当设计为两种箍筋时，表中箍筋注写为：第一种箍筋/第二种箍筋，第一种箍筋为梁端部箍筋，第二种箍筋为梁身箍筋。注写内容包括箍筋的箍数、钢筋种类、直径、间距与肢数。

基础梁列表格式如表 7-5 所示。

表 7-5 基础梁几何尺寸和配筋表

基础梁编号／截面号	截面几何尺寸		配 筋	
	$b \times h$	竖向加腋 Y$c_1 \times c_2$	底部贯通纵筋 + 非贯通纵筋，顶部贯通纵筋	第一种箍筋／第二种箍筋

注：1. 表中可根据实际情况增加栏目，如增加基础梁底面标高等。
　　2. 表中非贯通纵筋需配合原位标注。

2. 基础底板

基础底板列表集中注写项目包括以下内容。

（1）基础底板编号/截面号：坡形截面编号为 TJBp××（××）、TJBp××（××A）或 TJBp××（××B），阶形截面编号为 TJBj××（××）、TJBj××（××A）或 TJBj××（××B）。

（2）截面几何尺寸：水平尺寸 b、b_i，$i=1$，2…；竖向尺寸 h_1/h_2。

（3）底板配筋（B）为 B:Φ××@×××/Φ××@×××。

基础底板列表格式如表 7-6 所示。

表 7-6 基础底板几何尺寸和配筋表

底板编号／截面号	截面几何尺寸			底板配筋（B）	
	b	b_i	h_1/h_2	横向受力筋	纵向分布筋

注：表中可根据实际情况增加栏目，如增加上部配筋、基础底板底面标高（与基础底板底面基准标高不一致时）等。

7.3.5 条形基础平法施工图识图案例

条形基础平法施工图识图案例如图 7.53 ~ 图 7.55 所示。

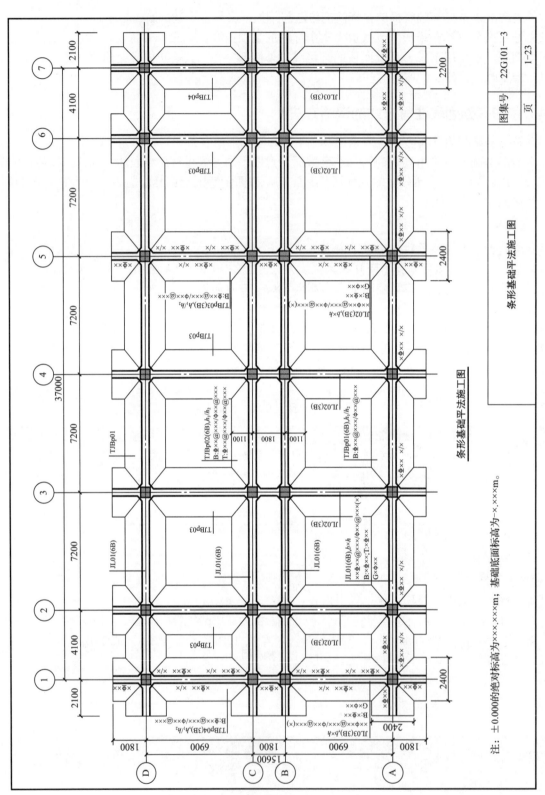

图 7.53 条形基础平法施工图识图案例

注：±0.000的绝对标高为-×.×××m；基础底面标高为-×.×××m。

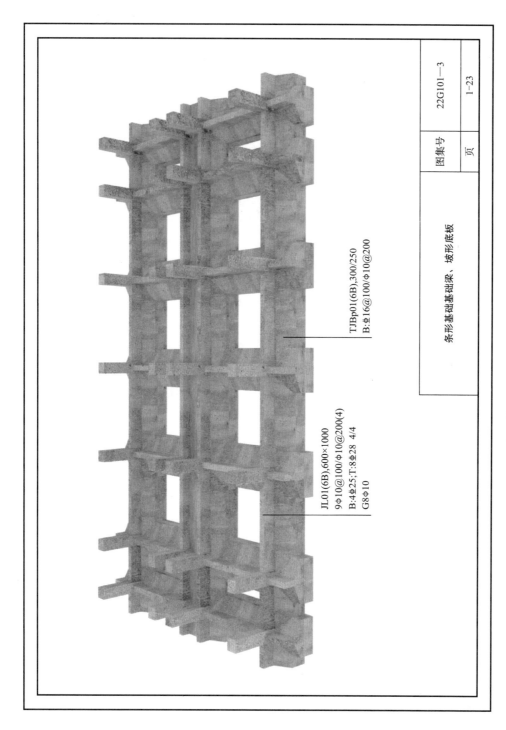

TJBp01(6B),300/250
B:Φ16@100/Φ10@200

JL01(6B),600×1000
9Φ10@100/Φ10@200(4)
B:4Φ25;T:8Φ28 4/4
G8Φ10

图集号	22G101—3
页	1-23

条形基础基础梁、坡形底板

图 7.54　条形基础基础梁、坡形底板三维示意图

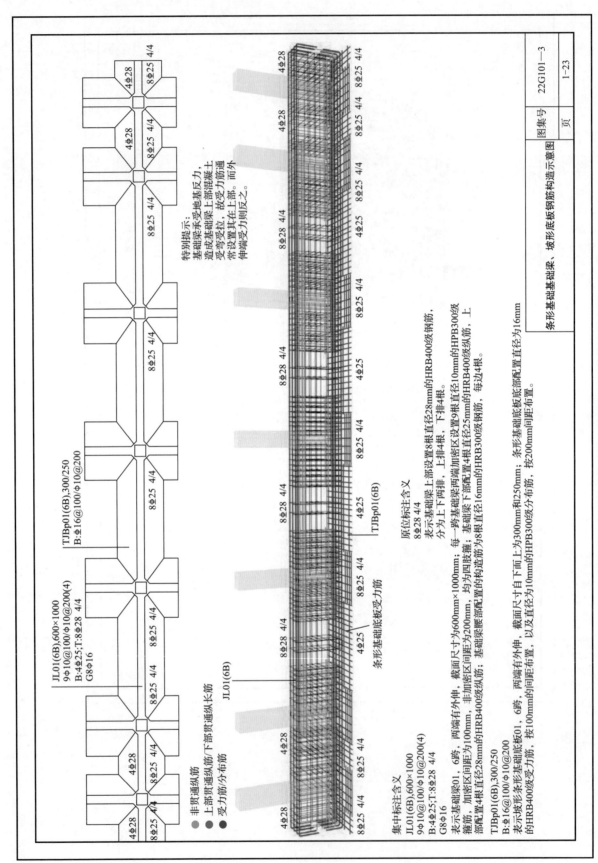

图 7.55　条形基础基础梁、坡形底板钢筋构造示意图

7.4.1 梁板式筏形基础平法施工图的表示方法

筏形基础

1．表示方法说明

梁板式筏形基础平法施工图，是在基础平面布置图上采用平面注写方式进行表达。

当绘制基础平面布置图时，梁板式筏形基础与其所支承的柱、墙一起绘制。梁板式筏形基础以多数相同的基础平板底面标高作为基础底面基准标高。当基础底面标高不同时，会注明与基础底面基准标高不同之处的范围和标高。

一般通过选注基础梁底面与基础平板底面的标高高差来表达两者间的位置关系，可分为"高板位"（梁顶与板顶一平）、"低板位"（梁底与板底一平）以及"中板位"（板在梁的中部）三种不同位置组合的梁板式筏形基础。

对于未居中对齐轴线的基础梁，会注明其定位尺寸。

2．梁板式筏形基础编号

梁板式筏形基础由基础主梁、基础次梁、基础平板等构成（图7.56），各构件编号规定如表7-7所示。梁板式筏形基础基础主梁与条形基础基础梁的编号方法和标准构造详图一致。

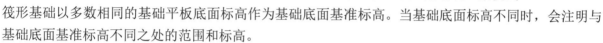

（a）立面图

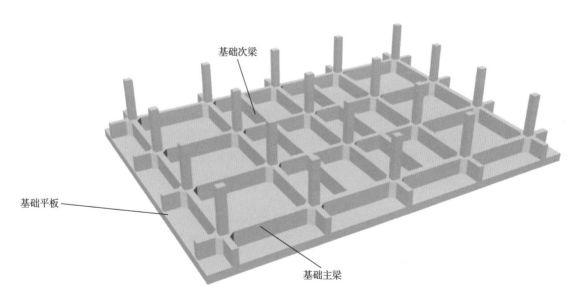

（b）三维示意图

图7.56　梁板式筏形基础构件的组成

表 7-7　梁板式筏形基础构件编号

构件类型	类型代号	序　号	跨数及有无外伸
基础主梁	JL	××	（××）、（××A）或（××B）
基础次梁	JCL	××	（××）、（××A）或（××B）
基础平板	LPB	××	—

注：1. （××A）为一端有外伸，（××B）为两端有外伸，外伸不计入跨数。
　　2. 基础平板跨数及是否有外伸分别在 x、y 两向的贯通纵筋之后表达。施工图图面从左至右为 x 向，从下至上为 y 向。
　　3. 22G101—3 中基础次梁表示端支座为铰接；当基础次梁端支座底部钢筋为充分利用钢筋的抗拉强度时，用 JCLg 表示。

【案例解析 7-24】
JL7(5B)，表示第 7 号基础主梁，5 跨，两端有外伸。

特别提示

　　梁板式筏形基础是基础平板复合基础梁而成的。这样的构造可以进一步提高筏形基础的整体刚度、强度，减小局部变形和因应力集中导致的地基不均匀沉降。

7.4.2　基础主梁与基础次梁平面注写方式的识图方法

　　基础主梁与基础次梁（本节统称为基础梁）的平面注写方式的识读，分为识读集中标注与原位标注两部分内容。当集中标注中的某项数值不适用于梁的某部位时，则将该项数值采用原位标注，施工时，优先识读原位标注。

　　1．集中标注

　　识读基础主梁与基础次梁的集中标注，重点是识读基础梁编号、截面尺寸、配筋三项必注内容，以及基础梁底面标高高差一项选注内容。具体识读内容如下。

　　（1）基础梁编号，见表 7-7。

　　（2）基础梁截面尺寸。$b \times h$ 表示梁截面宽度与高度；$b \times h$ Y$c_1 \times c_2$ 表示竖向加腋基础梁，其中 c_1 为腋长，c_2 为腋高。

　　（3）基础梁配筋。梁板式筏形基础基础梁配筋的集中标注内容与条形基础的一致，见本书 7.3.2 节。

【案例解析 7-25】

　　9$\underline{\Phi}$16@100/$\underline{\Phi}$16@200(6)，表示配置直径为 16mm 的 HRB400 级箍筋；箍筋间距为两种，从基础梁两端起向跨内按间距 100mm，每端各设 9 个，其余部位的箍筋间距为 200mm；箍筋均为六肢箍，如图 7.57 所示。

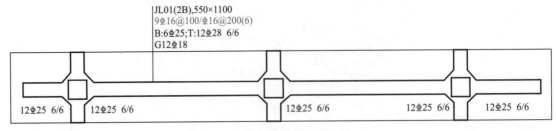

（a）基础梁施工图表达

图 7.57　梁板式筏形基础基础梁箍筋

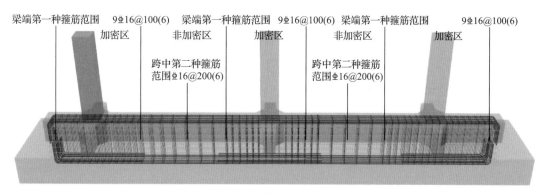

（b）基础梁三维示意图

图 7.57 梁板式筏形基础基础梁箍筋（续）

特别提示

两向基础主梁相交的柱下区域，应有一向截面较高的基础主梁箍筋贯通设置。当两向基础主梁高度相同时，可任选一向基础主梁箍筋贯通设置。

【案例解析 7-26】

2Φ25+(4Φ16)，表示在跨中位置，基础梁底部配置两根直径为 25mm 的 HRB400 级贯通纵筋和 4 根直径为 16mm 的 HRB400 级架立筋，如图 7.58 所示。

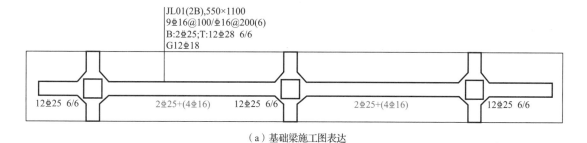

（a）基础梁施工图表达

（b）基础梁三维示意图

图 7.58 梁板式筏形基础基础梁架立筋

【案例解析 7-27】

B:4Φ25;T:5Φ28 表示梁的底部配置 4 根直径为 25mm 的 HRB400 级贯通纵筋，梁的顶部配置 5 根直径为 28mm 的 HRB400 级贯通纵筋，如图 7.59 所示。

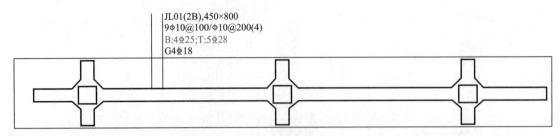

（a）基础梁施工图表达

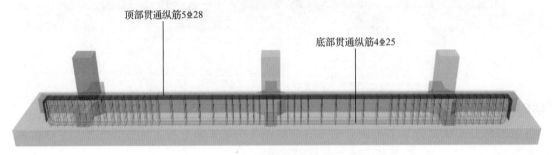

（b）基础梁三维示意图

图 7.59　梁板式筏形基础基础梁贯通纵筋

【案例解析 7-28】

T:12⽷28　6/6，表示基础梁顶部贯通纵筋上、下两排均为 6 根直径 28mm 的 HRB400 级钢筋，如图 7.60 所示。

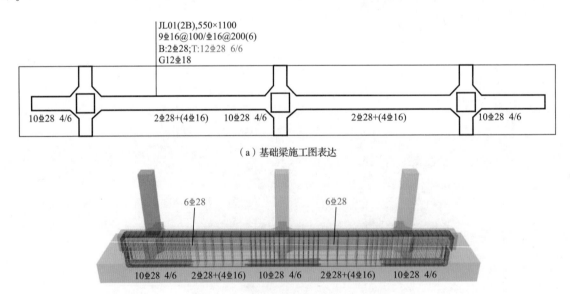

图 7.60　梁板式筏形基础基础梁顶部贯通纵筋（两排）

【案例解析 7-29】

G8⽷18，表示基础梁的两个侧面共配置 8 根直径为 18mm 的 HRB400 级纵向构造筋，每侧各配置 4 根，如图 7.61 所示。

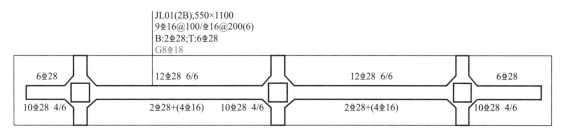

（a）基础梁施工图表达

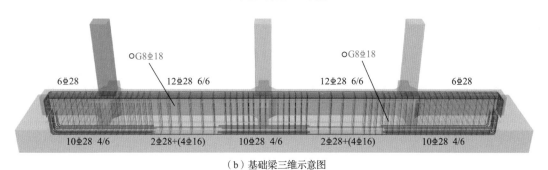

（b）基础梁三维示意图

图 7.61 梁板式筏形基础基础梁腰部构造筋

【案例解析 7-30】

N12Φ18，表示基础梁的两个侧面共配置 12 根直径为 18mm 的 HRB400 级纵向抗扭筋，沿截面周边均匀对称设置，如图 7.62 所示。

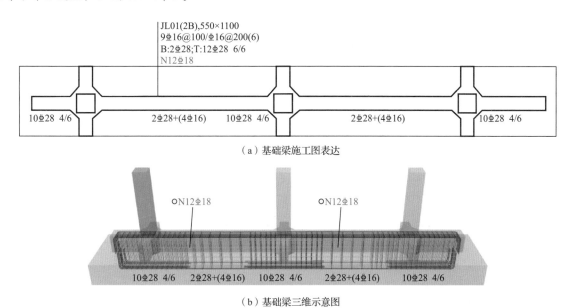

（a）基础梁施工图表达

（b）基础梁三维示意图

图 7.62 梁板式筏形基础基础梁腰部抗扭筋

🌀 特别提示

梁侧面构造筋搭接与锚固长度可取 15d。

梁侧面纵向抗扭筋，其锚固长度为 l_a，搭接长度为 l_l；其锚固方式同基础梁顶部纵筋。

（4）基础梁底面标高高差（基础梁底面相对于梁板式筏形基础平板底面标高的高差值）。有高差时在括号内注写高差值（如高板位和中板位），无高差时则不注写（如低板位）。

2．原位标注

梁板式筏形基础的基础梁原位标注内容与条形基础的一致，见本书 7.3.2 节。

【案例解析 7-31】

10⚡28 4/6，表示基础梁端（支座）区域底部纵筋上一排为 4 根直径为 28mm 的 HRB400 级钢筋，下一排为 6 根直径为 28mm 的 HRB400 级钢筋，如图 7.63 所示。

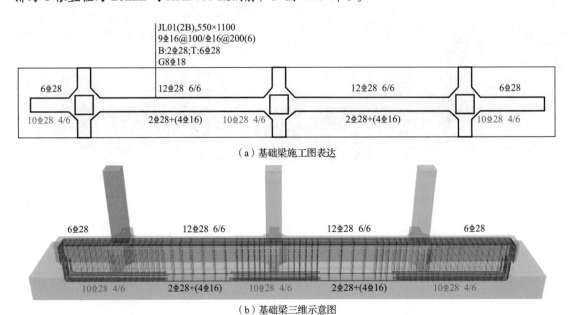

图 7.63　梁板式筏形基础基础梁底部纵筋

【案例解析 7-32】

2⚡28+4⚡25，表示基础梁端（支座）区域底部纵筋中一排纵筋由两种两根直径 28mm 和 4 根直径 25mm 的 HRB400 级钢筋组合，如图 7.64 所示。

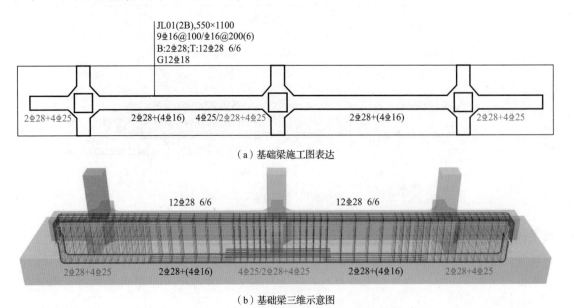

图 7.64　梁板式筏形基础基础梁底部纵筋（两种钢筋组合）

【案例解析 7-33】

Y4Φ25，表示基础梁端（支座）竖向加腋部位斜纵筋为 4 根直径为 25mm 的 HRB400 级钢筋，如图 7.65 所示。

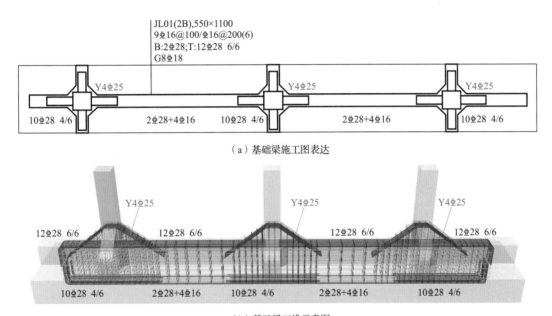

（a）基础梁施工图表达

（b）基础梁三维示意图

图 7.65　梁板式筏形基础基础梁竖向加腋钢筋

3．基础梁底部非贯通纵筋的长度规定

梁板式筏形基础的基础梁底部非贯通纵筋的长度规定与条形基础的一致，详见本书 7.3.2 节。

7.4.3　基础平板（LPB）平面注写方式的识图方法

梁板式筏形基础基础平板平面注写的识读，分为识读集中标注与原位标注两部分内容。

1．集中标注

基础平板的集中标注，是在所表达的板区双向均为第一跨（x 与 y 双向首跨，图面从左至右为 x 向，从下至上为 y 向）的板上引出注写内容。

板区划分条件：板厚相同、基础平板底部与顶部贯通纵筋配置相同的区域为同一板区。

基础平板集中标注的内容如下。

（1）基础平板的编号，见表 7-7 规定。

（2）板厚用 $h=\times\times\times$ 表示。

（3）基础平板的底部与顶部贯通纵筋及其跨数及外伸情况。"X"表示 x 向，"B"打头为底部贯通纵筋及纵向长度范围，"T"打头为顶部贯通纵筋及纵向长度范围；"Y"表示 y 向，"B"打头为底部贯通纵筋及其跨数和外伸情况，"T"打头为顶部贯通纵筋及其跨数和外伸情况。贯通纵筋的跨数及外伸情况注写在括号中，其表达形式：无外伸为（×××）；一端有外伸为（×××A）；两端有外伸为（×××B）。

图 7.66 所示为梁板式筏形基础基础平板集中标注示意图。

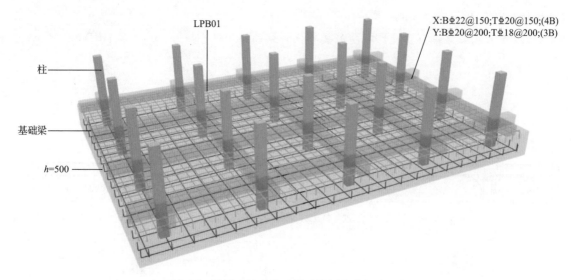

图 7.66　梁板式筏形基础基础平板集中标注示意图

特别提示

　　基础平板的跨数以构成柱网的主轴线为准。两主轴线之间无论有几道辅助轴线（如框架－核心筒结构的核心筒中多道墙体的辅助轴线），均可按一跨考虑。

【案例解析 7-34】

X:B⚍22@150;T⚍20@150;(4B)

Y:B⚍20@200;T⚍18@200;(3A)

　　表示基础平板 x 向底部配置直径为 22mm、间距为 150mm 的 HRB400 级贯通纵筋，顶部配置直径为 20mm、间距为 150mm 的 HRB400 级贯通纵筋，共 4 跨，两端有外伸；y 向底部配置直径为 20mm、间距为 200mm 的 HRB400 级贯通纵筋，顶部配置直径为 18mm、间距为 200mm 的 HRB400 级贯通纵筋，共 3 跨，一端有外伸。

　　当贯通筋为两种规格钢筋采用"隔一布一"方式布置时，表达为 $\phi xx/yy@\times\times\times$，表示直径 xx 的钢筋和直径 yy 的钢筋的间距为 $\times\times\times$，直径为 xx 的钢筋、直径为 yy 的钢筋各自间距分别为 $\times\times\times$ 的 2 倍。

【案例解析 7-35】

　　⚍10/12@150，表示直径为 10mm 和直径为 12mm 两种 HRB400 级贯通纵筋隔一布一，相邻两根钢筋之间距离为 150mm，如图 7.67 所示。

特别提示

　　当基础平板分板区进行集中标注，且相邻板区板底一平时，两种不同配置的底部贯通纵筋，应在两毗邻板跨中选择配筋量较小板跨的跨中连接区域连接，即配筋量较大板跨的底部贯通纵筋需越过板区分界线伸至毗邻配筋量较小的板跨的跨中连接区域，见 22G101—3 标准构造详图。

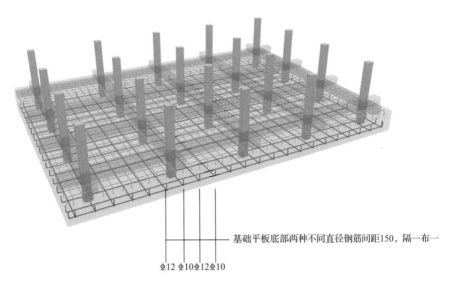

基础平板底部两种不同直径钢筋间距150，隔一布一

Φ12 Φ10 Φ12 Φ10

图 7.67　基础平板贯通纵筋隔一布一

2. 原位标注

基础平板原位标注的内容，主要表达板底部附加非贯通纵筋。

（1）位置及内容。

基础平板底部原位标注的附加非贯通纵筋，在配置相同跨的第一跨表达（当在基础梁悬挑部位单独配置时则在原位表达）。在配置相同跨的第一跨（或基础梁外伸部位），垂直于基础梁上有一段中粗虚线（当该筋通长设置在外伸部位或短跨板下部时，应画至对边或贯通短跨），虚线上注写编号（如①、②等）、配筋值、横向布置的跨数及是否布置到外伸部位。

板底部附加非贯通纵筋自支座边线向两边跨内的伸出长度值注写在线段的下方位置。当该筋向两侧对称伸出时，一般在一侧注写，另一侧不注写。底部附加非贯通纵筋相同时，一般注写一处，其他只注写编号。

【案例解析7-36】

基础平板第一跨底部附加非贯通纵筋原位标注为 Φ18@300(3B)，表示在板第一跨至第四跨且包括基础梁两端外伸部位，横向配置直径为 18mm、间距为 300mm 的 HRB400 级底部附加非贯通纵筋，如图 7.68 所示。

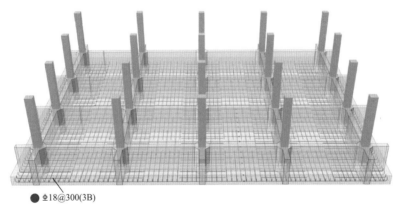

● Φ18@300(3B)

图 7.68　基础平板底部附加非贯通纵筋

原位标注的底部附加非贯通纵筋与集中标注的底部贯通纵筋，宜采用"隔一布一"的方式布置，即基础平板（x 向或 y 向）底部附加非贯通纵筋与贯通纵筋间隔布置，其标注间距与底部贯通纵筋相同（两者实际组合后的间距为各自标注间距的 1/2）。

【案例解析7-37】

基础平板底部附加非贯通纵筋为原位标注为⑤ Φ22@300(3)，且 3 跨范围的底部贯通纵筋集中标注为 BΦ22@300，在该 3 跨支座处实际横向设置的底部纵筋合计为 Φ22@150，如图 7.69 所示。其他与⑤号筋相同的底部附加非贯通纵筋可仅注编号⑤。

图 7.69　基础平板底部附加非贯通纵筋与贯通纵筋隔一布一

【案例解析 7-38】

基础平板底部附加非贯通纵筋原位标注为⑤ Φ25@300(4)，且 4 跨范围的底部贯通纵筋集中标注为 BΦ22@300，表示该 4 跨支座处实际横向设置的底部纵筋为 25mm 和 22mm 两种直径的 HRB400 级钢筋间隔布置，相邻两种钢筋之间距离为 150mm。

（2）修正内容。

当集中标注的某些内容不适用于基础平板某板区的某一板跨时，设计人员会在该板跨内原位标注，施工时应按原位标注内容识读。

（3）当若干基础梁下基础平板的底部附加非贯通纵筋配置相同时（其底部、顶部的贯通纵筋可以不同），一般在一根基础梁下做原位标注，并在其他梁上注明"该梁下基础平板底部附加非贯通纵筋同××基础梁"。

3．其他要注意识读的信息

（1）与梁板式筏形基础相关的后浇带、基坑（沟）等构造，详见 22G101—3 标准构造详图。

（2）注意在基础平板周边沿侧面设置的纵向构造筋。

（3）基础平板外伸部位的封边方式，当采用 U 形钢筋封边时，注意其种类、直径及间距。

（4）当基础平板外伸部位变截面高度时，变截面尺寸为 h_1/h_2，h_1 为板根部截面高度，h_2 为板尽端截面高度。

（5）当基础平板厚度大于 2m 时，注意平法施工图注明的具体构造要求。

（6）当在基础平板外伸阳角部位设置放射筋时，注意平法施工图中注明的放射筋的种类、直径、根数及设置方式等。

（7）基础平板的顶部与底部纵筋之间设置拉筋时，注意平法施工图中注明的拉筋的种类、直径、双向间距等。

（8）注意平法施工图中注明的混凝土垫层厚度与强度等级。

（9）结合基础主梁交叉纵筋的上下关系，当基础平板同一层面的纵筋相交叉时，注意平法施工图中注明的何向纵筋在下、何向纵筋在上。

特别提示

梁板式筏形基础基础平板的平面注写识图方法，同样适用于钢筋混凝土墙下的基础平板。

7.4.4　梁板式筏形基础平法施工图识图案例

梁板式筏形基础平法施工图识图案例如图 7.70 ～图 7.74 所示。

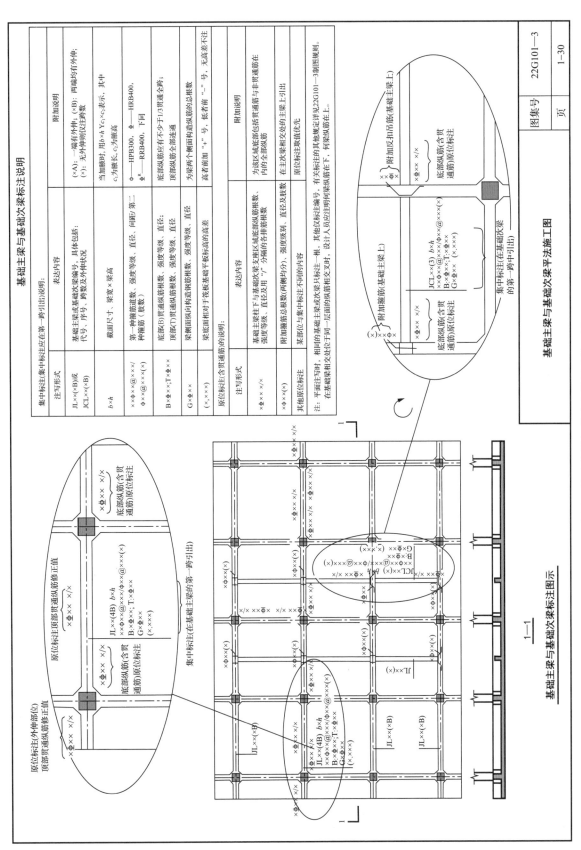

图7.70 基础主梁与基础次梁平法施工图

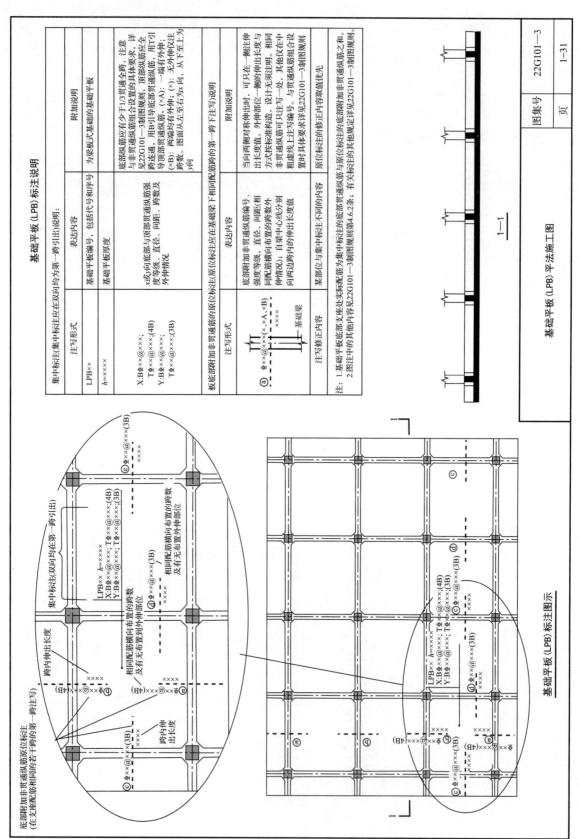

图 7.71 基础平板（LPB）平法施工图

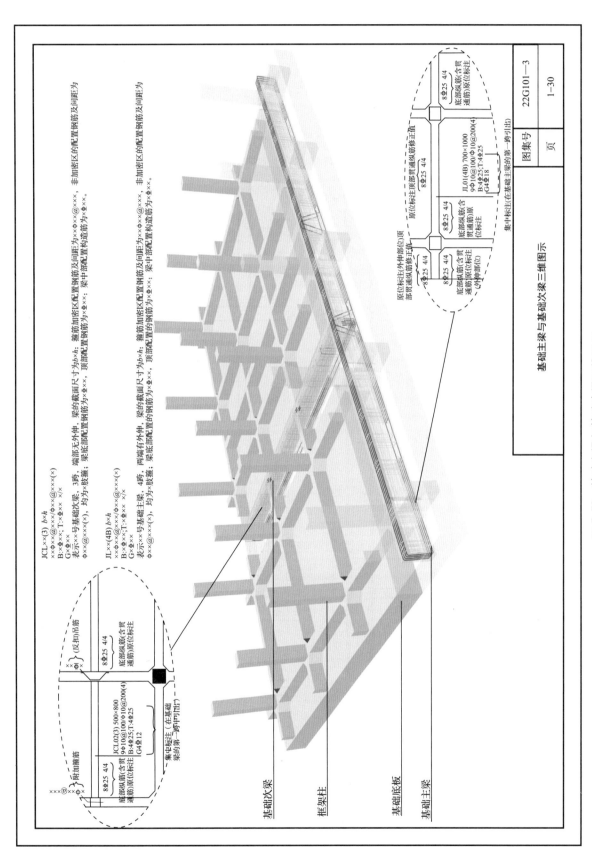

图 7.7.2 基础主梁与基础次梁三维图示

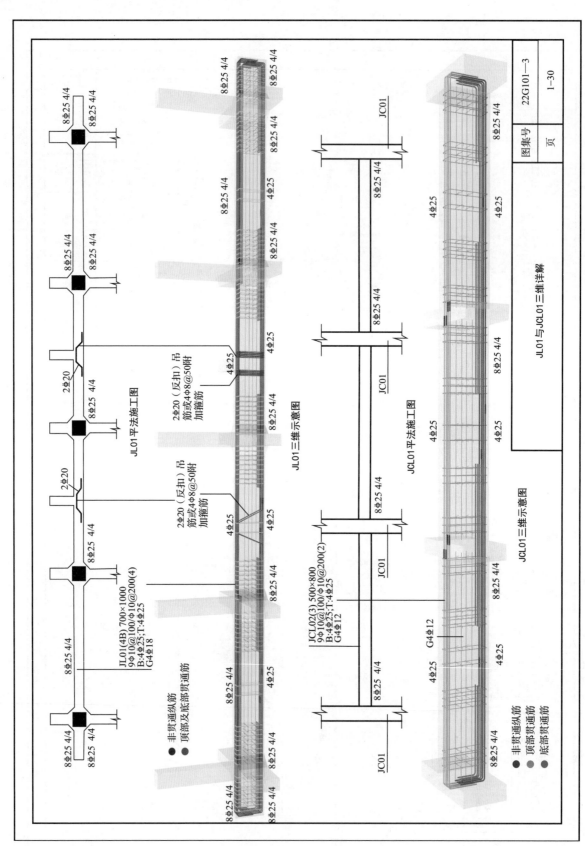

图 7.73　JL01 与 JCL01 三维详解

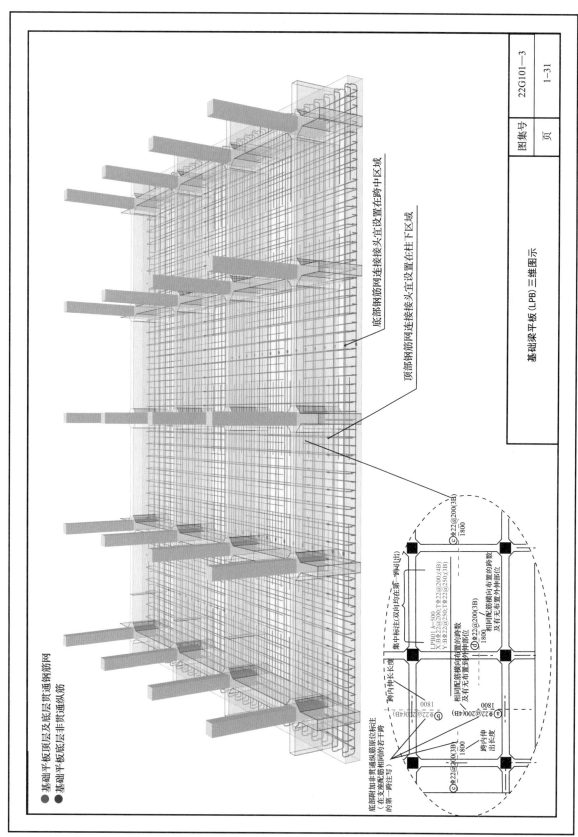

图 7.74 基础平板（LPB）三维图示

7.5 平板式筏形基础平法施工图识图规则

7.5.1 平板式筏形基础平法施工图的表示方法

1. 表示方法说明

平板式筏形基础平法施工图，是在基础平面布置图上采用平面注写方式表达。

当绘制基础平面布置图时，平板式筏形基础与其所支承的柱、墙一起绘制。当基础底面标高不同时，会注明与基础底面基准标高不同之处的范围和标高。

平板式筏形基础的平面注写表达方式有两种：一种是划分为柱下板带和跨中板带进行表达；另一种是按基础平板进行表达。

2. 平板式筏形基础构件编号

平板式筏形基础构件编号规定见表 7-8。

表 7-8 平板式筏形基础构件编号

构件类型	类型代号	序 号	跨数及有无外伸
柱下板带	ZXB	××	(××)、(××A) 或 (××B)
跨中板带	KZB	××	(××)、(××A) 或 (××B)
基础平板	BPB	××	—

注：1. (××A) 为一端有外伸，(××B) 为两端有外伸，外伸不计入跨数。
　　2. 基础平板的跨数及是否有外伸分别在 x、y 两向的贯通纵筋之后表达。
　　3. 施工图图面从左至右为 x 向，从下至上为 y 向。

> **特别提示**
>
> 本节讲解的基础平板为平板式筏形基础的基础平板（BPB），注意与 7.4 节讲解的梁板式筏形基础的基础平板（LPB）区分。

【案例解析 7-39】

ZXB01(3B)，表示 1 号柱下板带，3 跨，两端有外伸，如图 7.75 所示。

KZB01(3B)，表示 1 号跨中板带，3 跨，两端有外伸，如图 7.75 所示。

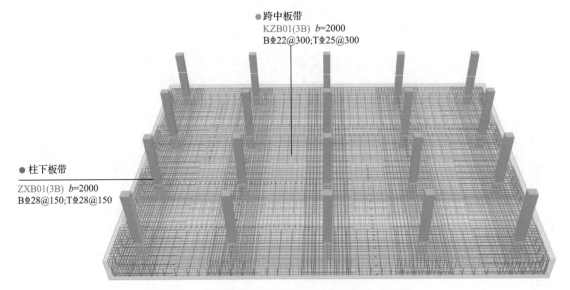

跨中板带
KZB01(3B) $b=2000$
B⊕22@300;T⊕25@300

柱下板带
ZXB01(3B) $b=2000$
B⊕28@150;T⊕28@150

图 7.75 平板式筏形基础中的柱下板带和跨中板带

特别提示

在同一块平板式筏形基础上，因为不同区域的受力大小不同，所以需要配置不同间距或直径的钢筋。于是结构设计中采用跨中板带和柱下板带来区分这些不同的受力区域。在图 7.76 中我们可以看出柱下板带钢筋直径较大，间距较密；跨中板带钢筋直径较小，间距较宽，那是因为往往柱下板带比跨中板带受力更大、受力更复杂。当然在具体工程实际中，也经常出现跨中板带和柱下板带的钢筋直径、间距相同的情况。

7.5.2 柱下板带、跨中板带平面注写方式的识图方法

柱下板带（视其为无箍筋的宽扁梁）与跨中板带的平面注写方式的识读，分为识读集中标注与原位标注两部分内容。

1. 集中标注

柱下板带与跨中板带（统称为板带）的集中标注，一般在第一跨（x 向为左端跨，y 向为下端跨）引出。具体内容如下。

（1）板带编号，见表 7-8。

（2）板带截面尺寸，注写 $b=\times\times\times\times$，表示板带宽度（厚度在图注中注明）。确定柱下板带宽度应根据设计标准要求与结构实际受力需要。当柱下板带宽度确定后，跨中板带宽度亦随之确定（即相邻两平行柱下板带之间的距离）。当柱下板带中心线偏离柱中心线时，其定位尺寸在平面图上标注。

（3）板带底部与顶部贯通纵筋。注写底部贯通纵筋（"B"打头）与顶部贯通纵筋（"T"打头）的规格与间距，用分号分隔开。柱下板带的柱下区域，通常在其底部贯通纵筋的间隔内插空设有底部附加非贯通纵筋（原位标注）。

【案例解析 7-40】

BΦ22@300;TΦ25@150 表示板带底部配置直径为 22mm、间距为 300mm 的 HRB400 级贯通纵筋，板带顶部配置直径为 25mm、间距为 150mm 的 HRB400 级贯通纵筋，具体钢筋配置如图 7.76 所示。

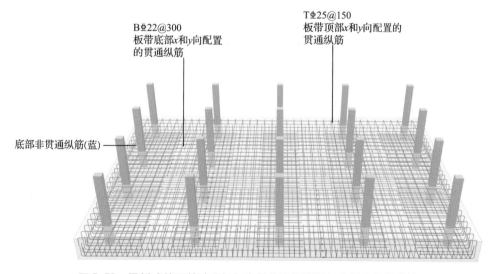

图 7.76　平板式筏形基础顶部与底部贯通钢筋网与底部非贯通纵筋

特别提示

在工程实际中平板式筏形基础可能配有不止两层钢筋网，有时甚至有三层及以上钢筋网的情况，这种情况属于非国家标准设计图集规定的情况，需要设计人员单独绘制详图并说明。

2. 原位标注

柱下板带与跨中板带原位标注的内容，主要表达底部附加非贯通纵筋。具体内容如下。

（1）位置及内容。

平法施工图中通常以一段与板带同向的中粗虚线代表附加非贯通纵筋。在柱下板带中，其贯穿柱下区域；在跨中板带中，其横贯柱中线。在虚线上会注明底部附加非贯通纵筋的编号（如①、②等）、钢筋种类、直径、间距，以及自柱中线分别向两侧跨内的伸出长度值。当向两侧对称伸出时，长度值仅在一侧标注。对同一板带中底部附加非贯通纵筋相同的，一般仅在一根钢筋上注写配筋信息，其他只注写编号。

原位注写的底部附加非贯通纵筋与集中标注的底部贯通纵筋，宜采用"隔一布一"的方式布置，即柱下板带或跨中板带底部附加非贯通纵筋与贯通纵筋交错插空布置，其间距与底部贯通纵筋相同（两者实际组合后的间距为各自标注间距的1/2）。

当跨中板带在轴线区域不设置底部附加非贯通纵筋时，则不进行原位标注。

【案例解析7-41】

柱下板带底部附加非贯通纵筋原位标注为②⚏25@300，底部贯通纵筋集中标注为B⚏22@300，表示在柱下板带实际设置的底部纵筋为直径25mm和直径22mm的两种HRB400级钢筋间隔布置，相邻两种钢筋之间距离为150mm，如图7.77所示。

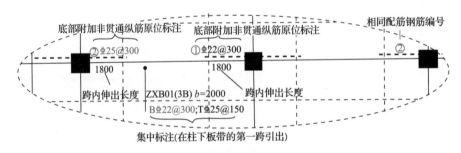

（a）柱下板带施工图表达

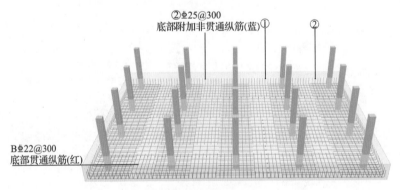

（b）柱下板带三维示意图

图7.77 柱下板带底部贯通与附加非贯通纵筋

【案例解析 7-42】

柱下板带底部附加非贯通纵筋原位标注为③ⵜ22@300，底部贯通纵筋集中标注为 Bⵜ22@300，表示在柱下板带实际设置的底部纵筋为ⵜ22@150。其他部位与③号筋相同的附加非贯通纵筋仅写注编号③。

（2）修正内容。

当在柱下板带、跨中板带上集中标注的某些内容（如截面尺寸、底部与顶部贯通纵筋等）不适用于某跨或某外伸部位时，则将修正的数值原位标注在该跨或该外伸部位，施工时，优先识读原位标注。

特别提示

柱下板带与跨中板带的识图方法，同样适用于平板式筏形基础上方局部有剪力墙的情况。

7.5.3 基础平板（BPB）平面注写方式的识图方法

平板式筏形基础基础平板的平面注写的识读，分为识读集中标注与原位标注两部分内容。

基础平板的平面注写与柱下板带、跨中板带的平面注写虽然是不同的表达方式，但可以表达同样的内容。当整片平板式筏形基础配筋比较规律时，宜按基础平板进行表达。

1. 集中标注

平板式筏形基础基础平板的集中标注，除按表 7-8 注写编号外，均与本书 7.4.3 节介绍的梁板式筏形基础的基础平板相同。

当某向底部贯通纵筋或顶部贯通纵筋在跨内有两种不同间距时，集中标注会先注明跨内两端的第一种间距，再注明跨中部的第二种间距，两者用"/"分隔。其中第一种间距的纵筋根数在钢筋等级符号前注明，以表示其分布范围；第二种间距的纵筋无须注明根数。

【案例解析 7-43】

Y:B12ⵜ22@150/200;T10ⵜ20@150/200，表示基础平板底部 y 向配置直径为 22mm 的 HRB400 级贯通纵筋，跨两端间距为 150mm，各配 12 根，跨中间距为 200mm；顶部 y 向配置直径为 20mm 的 HRB400 级贯通纵筋，跨两端间距为 150mm，各配 10 根，跨中间距为 200mm，如图 7.78 所示。

2. 原位标注

基础平板原位标注的内容，主要表达横跨柱中心线下的底部附加非贯通纵筋。具体内容如下。

（1）本节介绍的平板式筏形基础的基础平板中，横跨柱中心线的底部附加非贯通纵筋原位标注注写方法与本书 7.4.3 节介绍的梁板式筏形基础的基础平板底部附加非贯通纵筋相同。

（2）当柱中心线下的底部附加非贯通纵筋（与柱中心线正交）沿柱中心线连续若干跨配置相同时，则原位标注一般在该连续跨的第一跨下方注写，且将同规格配筋连续布置的跨数注在括号内；当有些跨配置不同时，则一般分别注写。外伸部位的底部附加非贯通纵筋的原位标注会单独注写（当与跨内某筋相同时仅注写钢筋编号）。

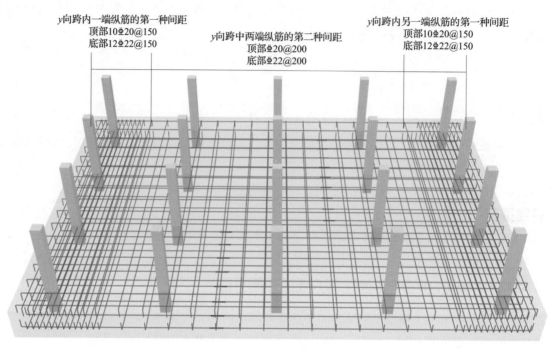

图 7.78　基础平板顶部和底部贯通纵筋（两种间距）

（3）当底部附加非贯通纵筋横向布置在跨内有两种不同间距的底部贯通纵筋区域时，其间距应分别对应为两种，其原位标注方法与本节介绍的贯通纵筋集中标注方法一致。

（4）当某些柱中心线下的基础平板底部附加非贯通纵筋横向配置相同时（其底部、顶部的贯通纵筋可以不同），一般仅在一条中心线下做原位标注，并在其他柱中心线上注明"该柱中心线下基础平板底部附加非贯通纵筋同 ×× 柱中心线"。

🔩 特别提示

　　平板式筏形的基础基础平板的识图方法，同样适用于平板式筏形基础上方局部有剪力墙的情况。

其他平板式筏形基础的基础平板平面注写方式识图方法与梁板式筏形基础的基础平板平面注写方式相同。

7.5.4　平板式筏形基础平法施工图识图案例

平板式筏形基础平法施工图识图案例如图 7.79 ～图 7.82 所示。

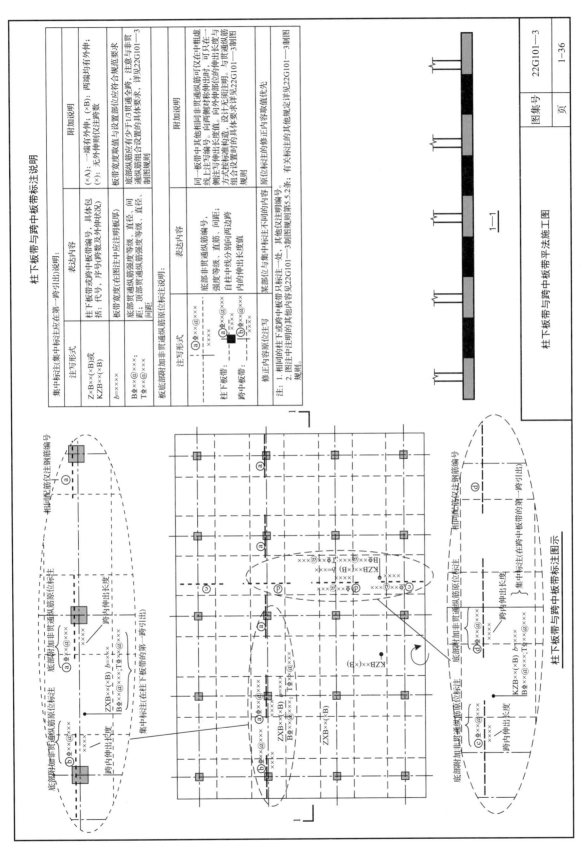

图 7.79 柱下板带与跨中板带平法施工图

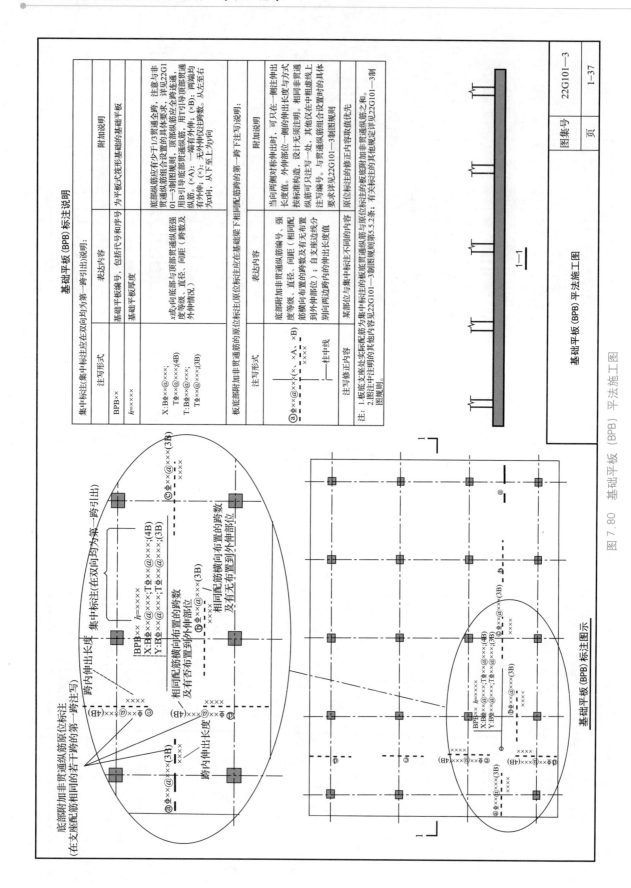

图 7.80 基础平板（BPB）平法施工图

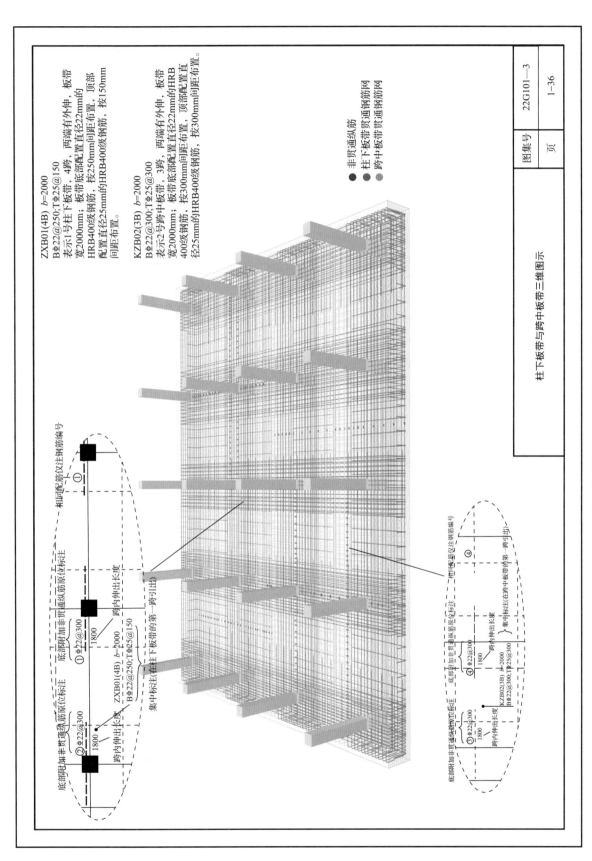

图 7.81 柱下板带与跨中板带三维图示

ZXB01(4B) b=2000
BΦ22@250;TΦ25@150
表示1号柱下板带,4跨,两端有外伸,板带宽2000mm;板带底部配置直径22mm的HRB400级钢筋,按250mm间距布置,顶部配置直径25mm的HRB400级钢筋,按150mm间距布置。

KZB02(3B) b=2000
BΦ22@300;TΦ25@300
表示2号跨中板带,3跨,两端有外伸,板带宽2000mm;板带底部配置直径22mm的HRB400级钢筋,按300mm间距布置,顶部配置直径25mm的HRB400级钢筋,按300mm间距布置。

● 非贯通纵筋
● 柱下板带贯通钢筋网
● 跨中板带贯通钢筋网

柱下板带与跨中板带三维图示

图集号 22G101—3
页 1—36

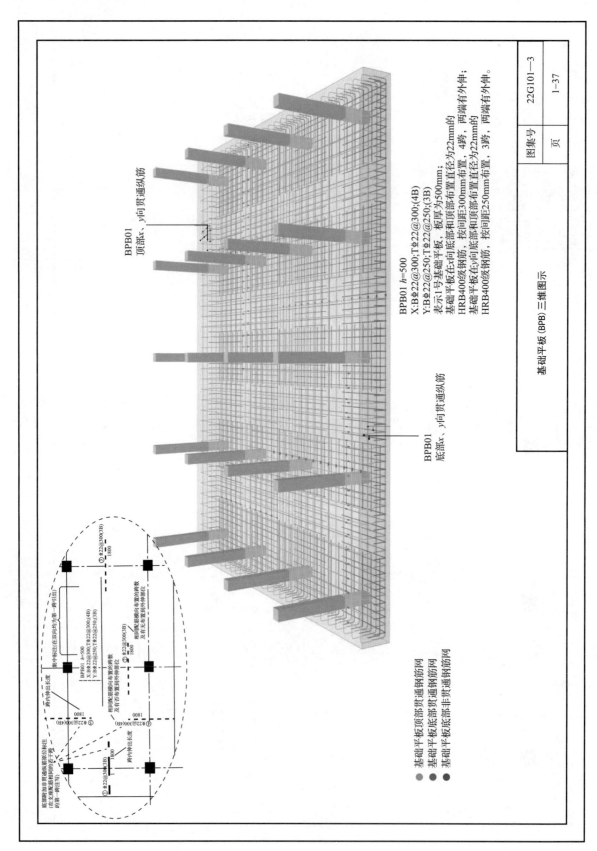

BPB01
顶部x、y向贯通纵筋

BPB01
底部x、y向贯通纵筋

BPB01 h=500
X:B⊈22@300;T⊈22@300;(4B)
Y:B⊈22@250;T⊈22@250;(3B)
表示1号基础平板，板厚为500mm；
基础平板在x向底部和顶部布置直径为22mm的
HRB400级钢筋，按间距300mm布置，4跨，两端有外伸；
基础平板在y向底部和顶部布置直径为22mm的
HRB400级钢筋，按间距250mm布置，3跨，两端有外伸。

基础平板(BPB)三维图示

	图集号	22G101—3
	页	1-37

● 基础平板顶部贯通钢筋网
●● 基础平板底部贯通钢筋网
●●● 基础平板底部非贯通钢筋网

图 7.82 基础平板（BPB）三维图示

7.6 桩基础平法施工图识图规则

7.6.1 灌注桩平法施工图的表示方法

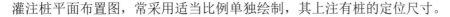

桩基础

1. 表示方法说明

22G101—3 制图规则是以灌注桩为例讲解桩平法施工图的。其平法施工图是在灌注桩平面布置图上采用平面注写方式或列表注写方式进行表达。

灌注桩平面布置图，常采用适当比例单独绘制，其上注有桩的定位尺寸。

2. 平面注写方式识读

平面注写方式，是在灌注桩平面布置图上集中标注灌注桩的桩编号、桩尺寸、桩纵筋、箍筋（螺旋箍筋）、桩顶标高和单桩竖向承载力特征值，如图 7.83 所示。

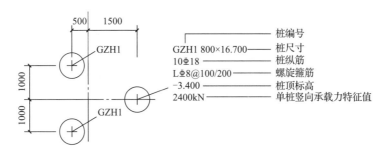

图 7.83　灌注桩平法施工图平面注写方式示例

采用平面注写方式时，灌注桩平法施工图应包括以下内容。

（1）桩编号，由类型代号和序号组成，如表 7-9 所示。

表 7-9　桩编号

类　型	类型代号	序　号
灌注桩	GZH	××
扩底灌注桩	GZHk	××

（2）桩尺寸，包括桩径 D 和桩长 L。当为扩底灌注桩时，还应增加扩底端尺寸 $D_0/h_b/h_c$ 或 $D_0/h_b/h_{c1}/h_{c2}$。其中 D_0 表示扩底端直径，h_b 表示扩底端锅底形矢高，h_c（h_{c1}、h_{c2}）表示扩底端高度，如图 7.84 所示。

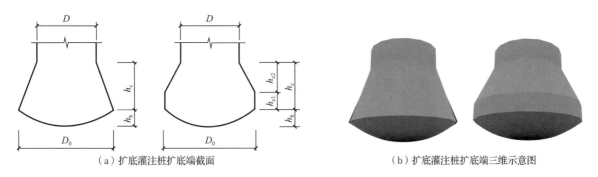

（a）扩底灌注桩扩底端截面　　　　　（b）扩底灌注桩扩底端三维示意图

图 7.84　扩底灌注桩扩底端

（3）桩纵筋，包括桩周均布的纵筋根数、钢筋种类、直径、从桩顶起算的纵筋配置长度（入桩长度）。

① 通长等截面配筋：表示方法常为 ××Φ××。

② 部分长度配筋：表示方法常为 ××Φ××/L1，其中 L1 表示从桩顶起算的入桩长度。

③ 通长变截面配筋：图中既有通长纵筋 ××Φ××，又有非通长纵筋 ××Φ××/L1，其中 L1 表示从桩顶起算的入桩长度。通长纵筋与非通长纵筋沿桩周间隔均匀布置。

【案例解析7-44】

8Φ20,8Φ18/6000，表示桩采用通长变截面配筋方式，桩通长纵筋为 8Φ20；桩非通长纵筋为 8Φ18，从桩顶起算的入桩长度为 6000mm。即实际桩上段纵筋为 8Φ20+8Φ18，通长纵筋与非通长纵筋间隔均匀布置于桩周，如图 7.85 所示。

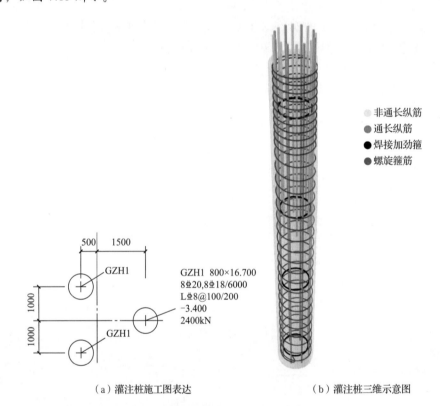

（a）灌注桩施工图表达　　　　　　（b）灌注桩三维示意图

图 7.85　灌注桩通长变截面配筋

（4）螺旋箍筋，以大写字母"L"打头的注写，包括钢筋种类、直径与间距。

① 用斜线"/"区分桩顶箍筋加密区与桩身箍筋非加密区长度范围内箍筋的间距。通常默认箍筋加密区为桩顶以下 5D（D 为桩身直径）范围内。与实际工程情况不同时，由设计人员在施工图中注明。

② 当桩身位于液化土层范围内时，箍筋加密区长度应由设计人员根据具体工程情况注明，或者箍筋全长加密。

【案例解析7-45】

LΦ10@100/200，表示 HRB400 级箍筋，直径为 8mm，加密区间距为 100mm，非加密区间距为 200mm，L 表示采用螺旋箍筋，如图 7.86 所示。

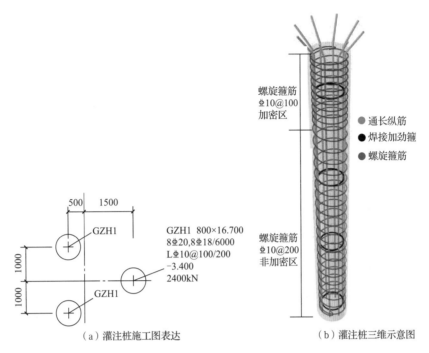

螺旋箍筋
Φ10@100
加密区

● 通长纵筋
● 焊接加劲箍
● 螺旋箍筋

GZH1 800×16.700
8Φ20,8Φ18/6000
LΦ10@100/200
-3.400
2400kN

螺旋箍筋
Φ10@200
非加密区

（a）灌注桩施工图表达　　　（b）灌注桩三维示意图

图 7.86　灌注桩螺旋箍筋

（5）桩顶标高。

（6）单桩竖向承载力特征值，单位以 kN 计。

🔘 特别提示

焊接加劲箍由设计人员另行注明；未注明时，根据 22G101—3 图集规定，当钢筋笼长度超过 4m 时，应每隔 2m 设一道直径为 12mm 的焊接加劲箍。

桩顶进入承台高度 h，桩径小于 800mm 时取 50mm，桩径大于或等于 800mm 时取 100mm。

3．列表注写方式

列表注写方式，是在灌注桩平面布置图上，分别标注写位尺寸；在灌注桩表中表示桩编号、桩尺寸、桩纵筋、箍筋、桩顶标高、单桩竖向承载力特征值，注写规则与平面注写方式相同。

灌注桩表如表 7-10 所示。

表 7-10　灌注桩表

桩编号	桩径 D/ mm	桩长 L/m	通长纵筋	非通长纵筋	箍筋	桩顶标高 /m	单桩竖向承载力特征值 /kN
GZH1	800	16.700	16Φ18	—	LΦ8@100/200	-3.400	2400
GZH2	800	16.700	—	16Φ18/6000	LΦ8@100/200	-3.400	2400
GZH3	800	16.700	10Φ18	10Φ20/6000	LΦ8@100/200	-3.400	2400

注：1．表中可根据实际情况增加栏目。例如，当采用扩底灌注桩时，增加扩底端尺寸。
　　2．当为通长等截面配筋方式时，非通长纵筋一栏无须表示，如表中 GZH1；当为部分长度配筋方式时，通长纵筋一栏无须表示，如表中 GZH2；当为通长变截面配筋方式时，通长纵筋和非通常纵筋均应表示，如表中 GZH3。

7.6.2　桩基承台平法施工图的表示方法

1．表示方法说明

桩基承台平法施工图，有平面注写、截面注写和列表注写三种表达方式，实际工程中可根据具体工程情况选择一种或将两种方式相结合进行桩基承台施工图设计。

当识读桩基承台平面布置图时，应注意承台下的桩位和承台所支承的柱、墙。当设置有基础联系梁时，基础联系梁或与基础平面布置图绘制在一起，或单独绘制其布置图。

当桩基承台的柱中心线或墙中心线与建筑定位轴线不重合时，一般标注有定位尺寸；编号相同的桩基承台，一般仅选择一个进行标注。

2．桩基承台编号

桩基承台分为独立承台和承台梁，分别按表 7-11 和表 7-12 的规定进行编号。

表 7-11　独立承台编号表

类 型	独立承台截面形状	类型代号	序 号	说 明
独立	阶形	CTj	××	单阶截面即为平板式独立承台
承台	锥形	CTz	××	

注：杯口独立承台代号为 BCTj 和 BCTz，识读方式可参照杯口独立基础。

表 7-12　承台梁编号表

类 型	类型代号	序 号	跨数及有无外伸
承台梁	CTL	××	(××)、(××A) 或 (××B)

3．独立承台平面注写方式识读

独立承台平面注写方式，分为集中标注和原位标注两种方式。

1）集中标注

独立承台的集中标注，是在承台平面上集中引注，包括独立承台编号、截面竖向尺寸、配筋三项必注内容，以及承台板底面标高和必要的文字注解两项选注内容。具体内容如下。

（1）独立承台编号，编号由类型代号和序号组成，应符合表 7-11 的要求。

（2）独立承台截面竖向尺寸，即 $h_1/h_2/\cdots\cdots$，具体标注内容如下。

① 当独立承台为阶形截面时，见图 7.87 和图 7.88。图 7.87 为两阶，当为多阶时各阶尺寸自下而上用"/"分隔顺写。当阶形截面独立承台为单阶时，截面竖向尺寸仅为一个，即独立承台总高度，如图 7.88 所示。

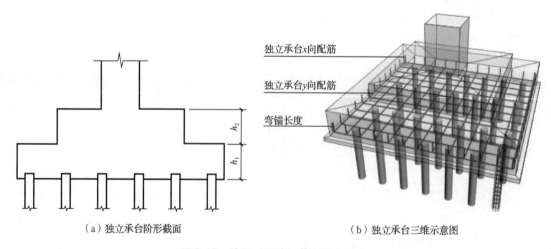

（a）独立承台阶形截面　　　　　　　　（b）独立承台三维示意图

图 7.87　阶形（两阶）截面独立承台

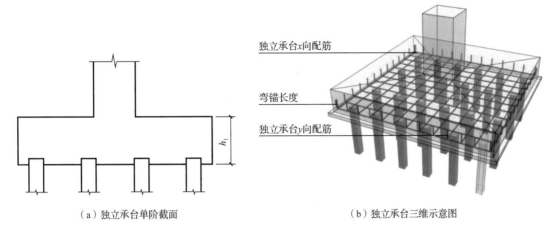

（a）独立承台单阶截面　　　　　　（b）独立承台三维示意图

图7.88　单阶截面独立承台

② 当独立承台为锥形截面时，截面竖向尺寸表示为 h_1/h_2，如图7.89所示。

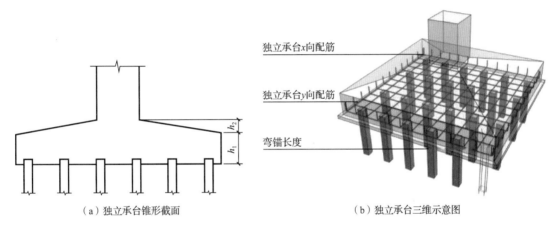

（a）独立承台锥形截面　　　　　　（b）独立承台三维示意图

图7.89　锥形截面独立承台

（3）独立承台配筋。独立承台底部与顶部双向配筋应分别表示，顶部配筋仅用于双柱或四柱等独立承台。当独立承台顶部无配筋时，则无须表示。独立承台配筋集中标注的内容如下。

① 以"B"打头表示底部配筋，以"T"打头表示顶部配筋。

② 矩形独立承台 x 向配筋以"X"打头，y 向配筋以"Y"打头；当两向配筋相同时，则以"X&Y"打头。

③ 当为等边三桩独立承台时，以"△"打头，再注写按等边三角形布置的各边受力钢筋，最后注明根数并在配筋值后标注"×3"。

【案例解析7-46】

△6Φ25@180×3，表示等边三桩独立承台每边各配置6根直径为25mm的HRB400级钢筋，间距为180mm。

④ 当为等腰三桩独立承台时，以"△"打头，再注写等腰三角形底边的受力钢筋＋两对称斜边的受力钢筋，最后注明根数并在两对称配筋值后标注"×2"。

【案例解析7-47】

△5Φ25@150+6Φ25@150×2，表示等腰三桩独立承台底边配置5根直径为25mm的HRB400级钢筋，间距为150mm；两对称斜边各配置6根直径为25mm的HRB400级钢筋，间距为150mm。

⑤ 当为多边形（五边形或六边形）独立承台或异形独立承台，且采用 x 向和 y 向正交配筋时，

注写方式与矩形独立承台相同。

⑥ 两桩独立承台按承台梁进行集中标注。

（4）承台板底面标高。当承台板底面标高与承台板底面基准标高不同时，应将承台板底面标高表示于括号内。

（5）必要的文字注解。当独立承台的设计有特殊要求时，会配有必要的文字注解。

2）原位标注

独立承台的原位标注，是在桩基承台平面布置图上标注独立承台的平面尺寸，相同编号的独立承台，一般仅选择一个进行标注，其他仅注编号。独立承台原位标注内容如下。

（1）矩形独立承台。原位标注各项 x、y、x_i、y_i、a_i、b_i，i=1，2，3…，如图 7.90 所示。其中，x、y 为矩形独立承台两向边长，x_i、y_i 为阶宽或锥形平面尺寸，a_i、b_i 为桩的中心距及边距（a_i、b_i 根据具体情况，可不表示）。

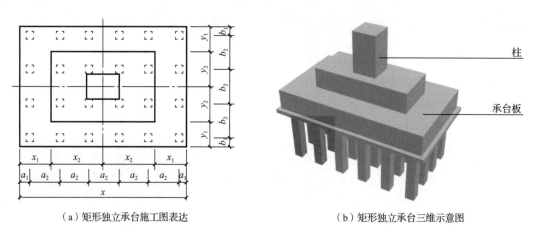

（a）矩形独立承台施工图表达   （b）矩形独立承台三维示意图

图 7.90 矩形独立承台

（2）三桩独立承台。结合 x、y 双向定位，原位标注 x 或 y，x_i、y_i，i=1，2，3…，a。等边三桩独立承台平面原位标注，如图 7.91 所示。等腰三桩独立承台平面原位标注，如图 7.92 所示。其中，x 或 y 为三桩独立承台平面垂直于底边的高度，x_i、y_i 为承台分尺寸和定位尺寸，a 为桩中心距切角边缘的距离。

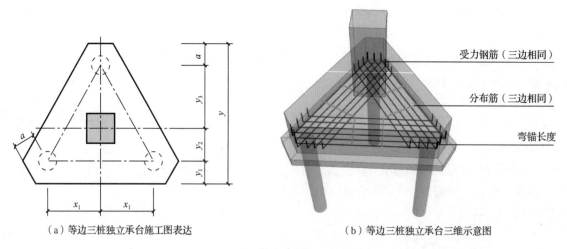

（a）等边三桩独立承台施工图表达   （b）等边三桩独立承台三维示意图

图 7.91 等边三桩独立承台

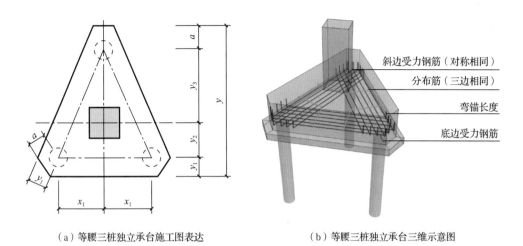

（a）等腰三桩独立承台施工图表达　　　　（b）等腰三桩独立承台三维示意图

图7.92　等腰三桩独立承台

（3）多边形独立承台。结合 x、y 双向定位，原位标注 x 或 y，x_i、y_i，a_i，$i=1$，2，3…。具体识读方法可参照矩形独立承台或三桩独立承台。

4．承台梁平面注写方式

承台梁的平面注写方式，分为集中标注和原位标注两种方式。

1）集中标注

承台梁的集中标注内容包括：承台梁编号、截面尺寸、配筋三项必注内容，以及承台梁底面标高、必要的文字注解两项选注内容。具体内容如下。

（1）承台梁编号，见表 7-12。

（2）承台梁截面尺寸，$b×h$ 表示承台梁截面宽度与高度。

（3）承台梁配筋。图 7.93 为承台梁各类配筋三维示意图。

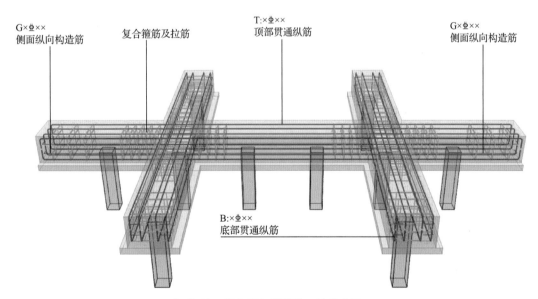

图7.93　承台梁各类配筋三维示意图

① 承台梁箍筋。

a．当承台梁仅有一种箍筋间距时，集中标注分别表示钢筋种类、直径、间距与肢数（箍筋肢数写在括号内）。

b．当承台梁采用两种箍筋间距时，用"/"分隔不同箍筋的间距。此时，集中标注有其中一种箍筋间距的布置范围。

② 承台梁底部、顶部贯通纵筋及侧面纵向构造筋。

a．以"B"打头，表示承台梁底部贯通纵筋。

b．以"T"打头，表示承台梁顶部贯通纵筋。

【案例解析 7-48】

B:5Φ25;T:7Φ25，表示承台梁底部配置贯通纵筋 5Φ25，承台梁顶部配置贯通纵筋 7Φ25。

c．当承台梁底部或顶部贯通纵筋多于一排时，用"/"将各排纵筋自上而下分开。

d．以大写字母"G"打头，表示承台梁侧面对称设置的纵向构造筋的总配筋值（当梁腹板高度 h_w>450mm 时，根据需要配置纵向构造筋）。

【案例解析 7-49】

G10Φ14，表示承台梁每个侧面配置纵向构造筋 5Φ14，共配置 10Φ14。

（4）承台梁底面标高。当承台梁底面标高与承台板底面基准标高不同时，将承台梁底面标高注写于括号内。

（5）必要的文字注解。当承台梁的设计有特殊要求时，会配有必要的文字注解。

2）原位标注

承台梁的原位标注内容如下。

（1）承台梁的附加箍筋或（反扣）吊筋。当设置有附加箍筋或（反扣）吊筋时，附加箍筋或（反扣）吊筋常直接画在平面图中的承台梁上，直接原位标注总配筋值（附加箍筋的肢数注写于括号内）。当多数梁的附加箍筋或（反扣）吊筋相同时，常在桩基承台平法施工图上统一注明，少数桩基承台与统一注明值不同时，则进行原位标注。

（2）修正内容。当在承台梁上集中标注的某项内容（如截面尺寸、箍筋、底部与顶部贯通纵筋或架立筋、梁侧面纵向构造筋、梁底面标高等）不适用于某跨或某外伸部位时，将其修正内容原位标注在该跨或该外伸部位，施工时，优先识读原位标注。

5．桩基承台的截面注写方式和列表注写方式

桩基承台的截面标注和列表注写（结合截面示意图）应在桩基平面布置图上对所有桩基承台进行编号，见表 7-11 和表 7-12。

桩基承台的截面注写方式和列表注写方式的识读可参照独立基础。

7.6.3 桩基础平法施工图识图案例

桩基础平法施工图识图案例如图 7.94 ～图 7.96 所示。

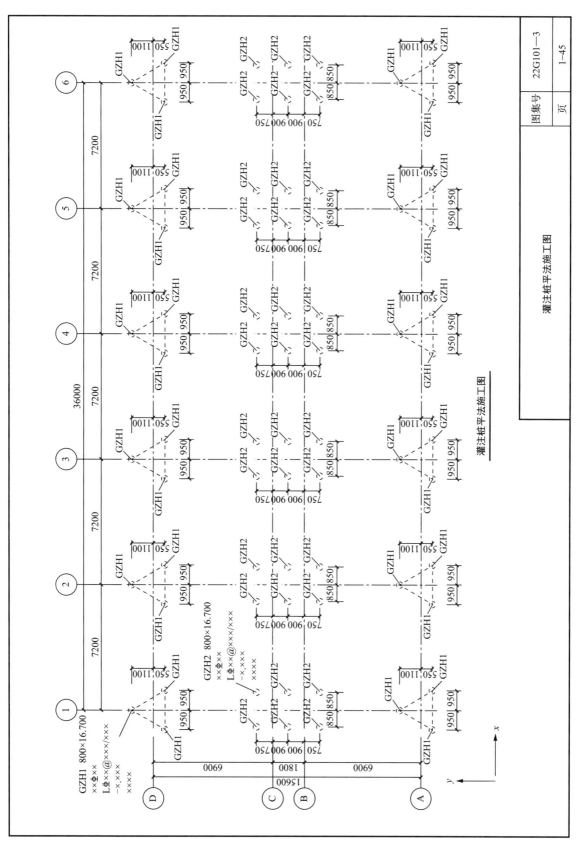

图7.94 灌注桩平法施工图识图案例

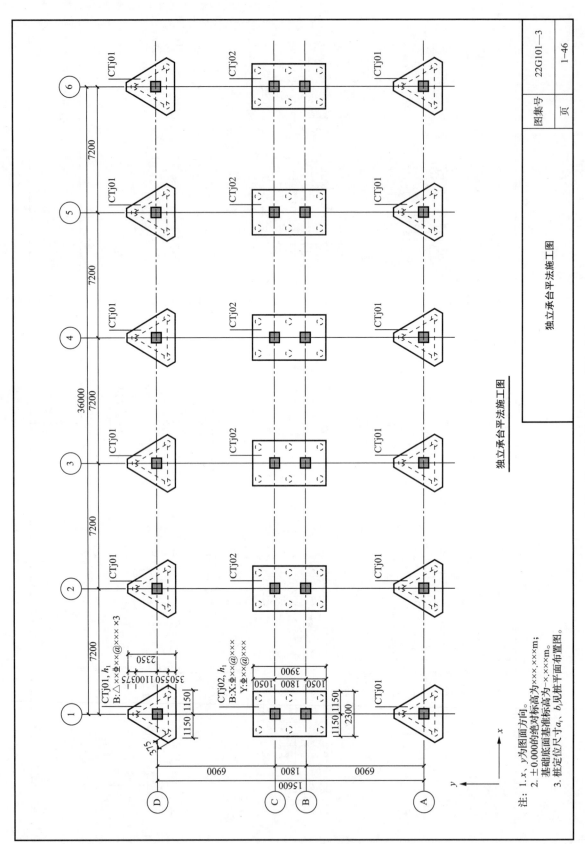

独立承台平法施工图

CTj01

CTj02

CTj01

独立承台平法施工图

CTj01, h_1
B:△××±@×××·×3

CTj02, h_1
B:X:±××@×××
  Y:±××@×××

CTj01

注: 1. x、y 为图面方向。
    2. ±0.000的绝对标高为×.×××m；
       基础底面基准标高为−×.×××m。
    3. 桩定位尺寸 a_1、b_1 见桩平面布置图。

图集号　22G101—3

页　　　1—46

图 7.95　独立承台平法施工图识图案例

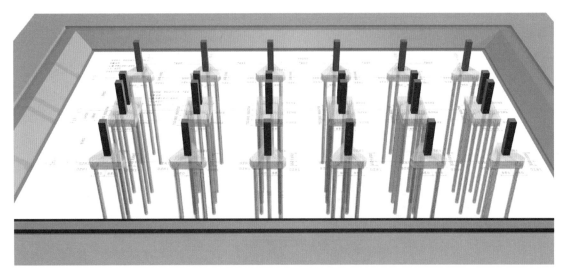

图 7.96　桩基础平法施工图三维图示

7.7.1　基础相关构造平法施工图的表示方法

基础相关构造的平法施工图，是在基础平面布置图上采用直接引注方式表达。

基础相关构造的类型及对应类型的编号，如表 7-13 所示。

表 7-13　基础相关构造类型与编号

构造类型	类型代号	序　号	说　明
基础联系梁	JLL	××	用于独立基础、条形基础、桩基承台
后浇带	HJD	××	用于梁板、平板式筏形基础、条形基础等
上柱墩	SZD	××	用于平板式筏形基础
局部增加板厚	JBH	××	用于梁板、平板式筏形基础
基坑（沟）	JK	××	用于梁板、平板式筏形基础
窗井墙	CJQ	××	用于梁板、平板式筏形基础
防水板	FSB	××	用于独立基础、条形基础、桩基承台加防水板

注：1. 基础联系梁序号：（××）为端部无外伸或无悬挑，（××A）为一端有外伸或有悬挑，（××B）为两端有外伸或有悬挑。

　　2. 上柱墩位于筏板顶部钢筋混凝土柱柱根部位，局部增加板厚位于筏板底部钢筋混凝土柱或钢柱柱根水平投影部位，均根据筏形基础受力与构造需要而设。

7.7.2　基础联系梁直接引注

基础联系梁是指连接独立基础、条形基础或桩基承台的梁，如图 7.97 所示。基础联系梁的平法施工图，是在基础平面布置图上采用直接引注方式表达。

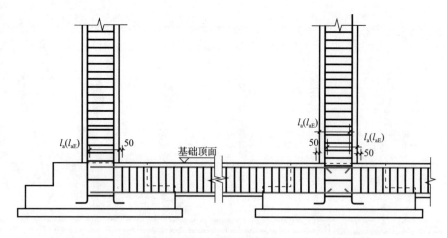

（a）基础联系梁构造

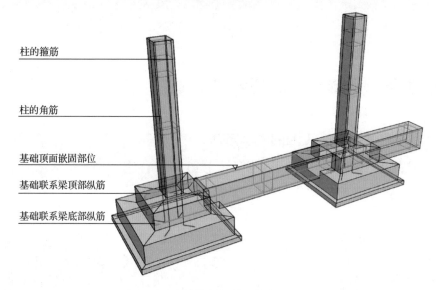

柱的箍筋

柱的角筋

基础顶面嵌固部位

基础联系梁顶部纵筋

基础联系梁底部纵筋

（b）基础联系梁三维示意图

图 7.97　基础联系梁

7.7.3　后浇带直接引注

后浇带通常为直接引注。后浇带的平面形状及定位在基础平面布置图中表达，后浇带留筋方式等由引注内容表达，如图 7.98 所示。其注写具体内容如下。

（1）后浇带编号及留筋方式代号。后浇带留筋方式有两种，分别为"贯通"和"100% 搭接"。

（2）后浇混凝土的强度等级 C××。后浇带宜采用补偿收缩混凝土，施工图中会注明其相关施工要求。

（3）后浇带区域内，当局部留筋方式或后浇混凝土强度等级不一致时，施工图中会注明其与图示不一致的部位及做法。

（4）施工图中会注明后浇带下附加防水层做法：当设置抗水压垫层时，图中注明其厚度、材料与配筋；当采用后浇带超前止水构造时，图中注明其厚度与配筋。

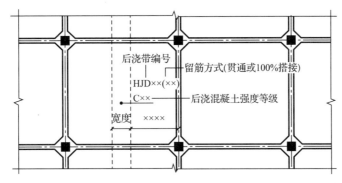

（a）后浇带施工图表达

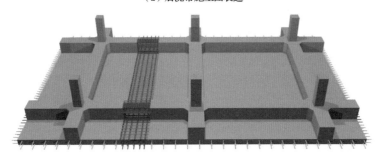

（b）后浇带三维示意图

图7.98　后浇带引注

　　贯通留筋的后浇带宽度通常为大于或等于800mm；100%搭接留筋的后浇带宽度通常为800mm与（l_l+60）的较大值。

7.7.4　上柱墩直接引注

　　上柱墩是根据平板式筏形基础受剪或受冲切承载力的需要，在板顶面以上钢筋混凝土柱柱根部位设置的钢筋混凝土墩。其注写具体内容如下。

　　（1）编号SZD××，见表7-13。

　　（2）几何尺寸按"柱墩向上凸出基础平板高度h_d/ 柱墩顶部出柱边缘宽度c_1/ 柱墩底部出柱边缘宽度c_2"的顺序注写，其表达形式为$h_d/c_1/c_2$。当为棱柱形柱墩时，$c_1=c_2$，c_2在图中省略，表达形式为h_d/c_1。

　　（3）配筋按"竖向（$c_1=c_2$）或斜竖向（$c_1 \neq c_2$）角筋 /x边中部筋 /y边中部筋，箍筋"的顺序注写。角筋标注内容有钢筋种类与直径；x边中部筋和y边中部筋标注内容有根数、钢筋种类与直径；箍筋标注内容有钢筋种类、直径及间距。配筋表达形式为：Φ××/××Φ××/××Φ××,φ××@×××。

　　棱台形上柱墩（$c_1 \neq c_2$）施工图表达及三维示意图如图7.99所示。棱柱形上柱墩（$c_1=c_2$）施工图表达及三维示意图如图7.100所示。

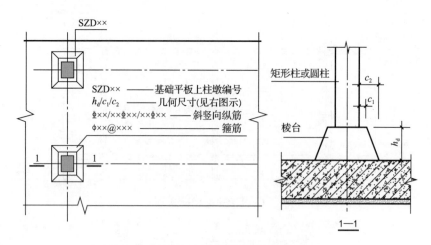

（a）棱台形上柱墩施工图表达

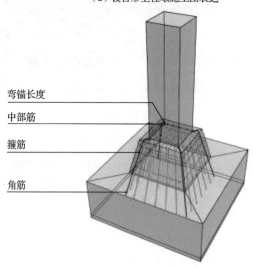

（b）棱台形上柱墩三维示意图

图 7.99　棱台形上柱墩

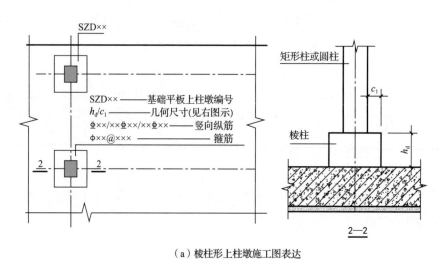

（a）棱柱形上柱墩施工图表达

图 7.100　棱柱形上柱墩

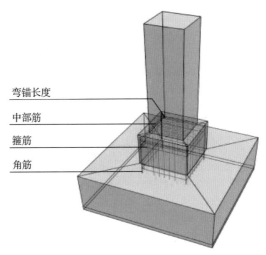

（b）棱柱形上柱墩三维示意图

图 7.100　棱柱形上柱墩（续）

【案例解析 7-50】

SZD5,600/50/350,Φ16/5Φ16/5Φ16/ϕ10@100，表示 5 号棱台形上柱墩，其凸出基础平板顶面高度为600mm，底部每边出柱边缘宽度为 350mm，顶部每边出柱边缘宽度为 50mm；配置直径为 16mm 的 HRB400 级角筋，x 边中部筋和 y 边中部筋均为 5 根直径 16mm 的 HRB400 级钢筋；箍筋直径为 10mm，间距为 100mm。

7.7.5　局部增加板厚直接引注

局部增加板厚是根据平板式筏形基础受剪或受冲切承载力的需要，在柱的所在位置、基础平板底面设置的构造。局部增加板厚的注写内容如下。

（1）编号 JBH××，见表 7-13。

（2）几何尺寸按"向下凸出基础平板深度 h_d/ 顶部出柱投影宽度 c_1/ 底部出柱投影宽度 c_2"的顺序注写，其表达形式为 $h_d/c_1/c_2$。当为倒棱柱形增加板厚时，$c_1=c_2$，c_2 在图中省略，表达形式为 h_d/c_1。

（3）配筋按"x 方向底部纵筋 /y 方向底部纵筋 / 水平箍筋"的顺序注写（图面从左至右为 x 向，从下至上为 y 向）。配筋表达形式为：XΦ××@×××/YΦ××@×××/ϕ××@×××。

倒棱台形增加板厚（$c_1 \neq c_2$）施工图表达及三维示意图如图 7.101 所示。倒棱柱形增加板厚（$c_1=c_2$）施工图表达及三维示意图如图 7.102 所示。

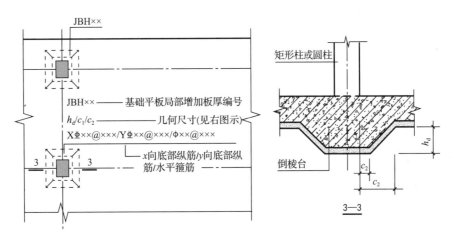

（a）倒棱台形增加板厚施工图表达

图 7.101　倒棱台形增加板厚

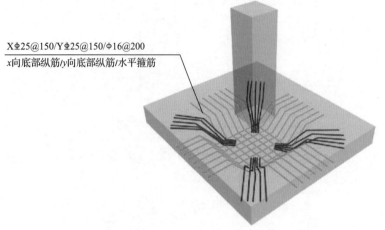

（b）倒棱台形增加板厚三维示意图

图7.101　倒棱台形增加板厚（续）

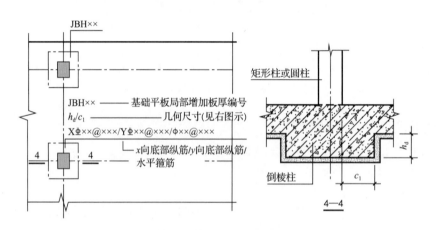

（a）倒棱柱形增加板厚施工图表达

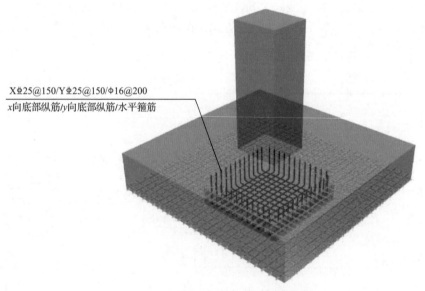

（b）倒棱柱形增加板厚三维示意图

图7.102　倒棱柱形增加板厚

7.7.6 基坑直接引注

基坑注写的具体内容如下。

（1）编号 JK××，见表 7-13。

（2）几何尺寸按"基坑深度 h_k/基坑平面尺寸 $x \times y$"的顺序注写，其表达形式为 $h_k/x \times y$。x 为 x 向基坑宽度，y 为 y 向基坑宽度（图面从左至右为 x 向，从下至上为 y 向）。

基础平面布置图上标注有基坑的平面定位尺寸。基坑施工图表达、配筋三维示意图及布置三维示意图如图 7.103 所示。

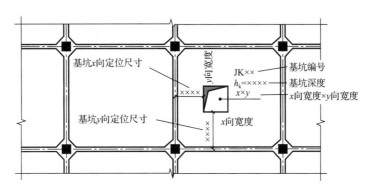

（a）基坑施工图表达

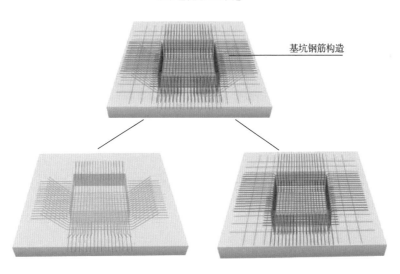

（b）基坑配筋三维示意

（c）基坑布置三维示意图

图 7.103 基坑

7.7.7 窗井墙直接引注

窗井墙的编号 CJQ××，见表 7-13，其余注写内容可参考剪力墙及地下室外墙。

当在窗井墙顶部或底部设置通长加强筋时，施工图中会注明。当窗井墙按深梁设计时，设计人员会另行标注。

窗井墙施工图表达及配筋三维示意图如图 7.104 所示。

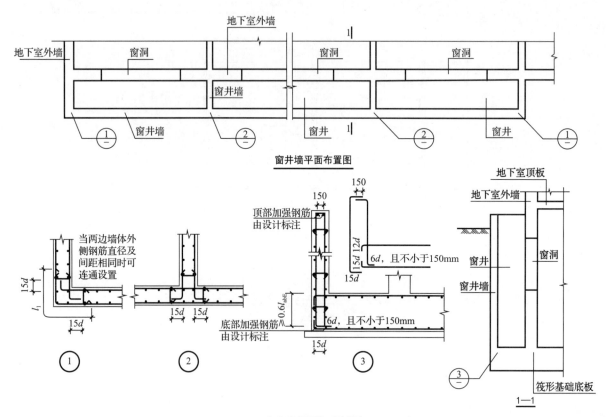

（a）窗井墙施工图表达

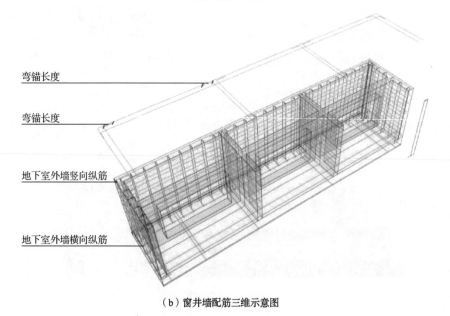

（b）窗井墙配筋三维示意图

图 7.104　窗井墙

7.7.8　防水板直接引注

防水板注写的具体内容如下。

（1）编号 FSB××，见表 7-13。

（2）截面尺寸，*h*=××× 表示板厚。

（3）防水板的底部与顶部贯通纵筋，分别按板块的底部和顶部注写，"B"代表底部，"T"代表顶部，"B&T"代表底部与顶部；*x* 向贯通纵筋以"X"打头，*y* 向贯通纵筋以"Y"打头，两向贯通纵筋配置相同时则以"X&Y"打头。

【案例解析 7-51】

FSB1　*h*=250

B:X&Y⏀12@200

T:X&Y⏀12@200

表示 1 号防水板，板厚 250mm，板底部 *x* 向、*y* 向配置直径为 12mm、间距为 200mm 的 HRB400 级贯通纵筋；板顶部 *x* 向、*y* 向配置直径为 12mm、间距为 200mm 的 HRB400 级贯通纵筋。

当贯通纵筋采用两种规格钢筋"隔一布一"方式布置时，表达为 $\phi xx/yy@×××$，表示直径 *xx* 的钢筋和直径 *yy* 的钢筋之间的间距为 ×××，直径为 *xx* 的钢筋、直径为 *yy* 的钢筋间距分别为 ××× 的 2 倍。

【案例解析 7-52】

⏀10/12@100，表示直径为 10mm 和 12mm 隔一布一的两种 HRB400 级贯通纵筋，相邻两根贯通纵筋之间距离为 100mm。

（4）防水板底面标高。该项为选注值，当防水板底面标高与独立基础或条形基础底面标高一致时，该项可以省略。

防水造如图 7.105 所示。

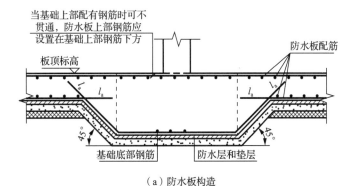

（a）防水板构造

图 7.105　防水板

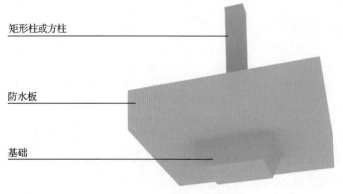

矩形柱或方柱

防水板

基础

（b）防水板三维示意图

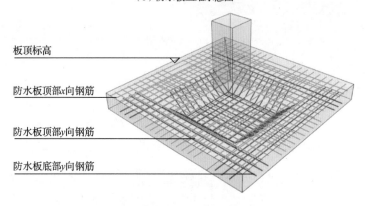

板顶标高

防水板顶部x向钢筋

防水板顶部y向钢筋

防水板底部y向钢筋

（c）防水板配筋三维示意图（俯视）

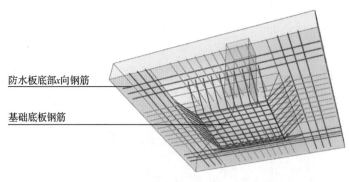

防水板底部x向钢筋

基础底板钢筋

（d）防水板配筋三维示意图（仰视）

图7.105 防水板（续）

拓展讨论

平法在诞生之初就被业内认为具有改变建筑结构领域人才结构的效果。不仅便于进入设计单位的工程师掌握便捷准确的制图技能，而且便于广大施工单位从业人员更好地理解施工图纸，标准化施工。党的二十大报告指出，统筹职业教育、高等教育、继续教育协同创新，推进职普融通、产教融合、科教融汇，优化职业教育类型定位。本书旨在帮助高职高专院校、继续教育学院学生，以及相关从业人员更好地掌握平法施工图识图技能。请结合对本教材的学习，谈一谈你学习职业技能的心得体会。

本章小结

　　钢筋混凝土基础分为独立基础、条形基础、梁板式筏形基础、平板式筏形基础、桩基础 5 种类型。进行基础平法识图时，应注意各类型基础，以及各类型基础不同部分的平法施工图表示方法均有所不同。除了以上各类型基础，基础平法施工图中还包括基础相关构造的内容。通过学习本章内容，我们能够掌握基础平法施工图的识图方法，并能对识图案例进行识读。

习　题

结合 22G101—3 图集，完成以下习题。

一、单选题

1. 当独立基础底板 x、y 方向宽度满足（　　），x、y 方向钢筋长度＝底板宽度 ×0.9。

    A．≥ 2500mm

    B．≥ 2600mm

    C．≥ 2700mm

    D．≥ 2800mm

2. 在基础内的第一根箍筋到基础顶面的距离是（　　）。

    A．50mm

    B．100mm

    C．3d（d 为箍筋直径）

    D．5d（d 为箍筋直径）

3. 高板位筏形基础的（　　）。

    A．筏板顶高出梁顶

    B．梁顶高出筏板顶

    C．梁顶与筏板顶相平

    D．筏板在梁的中间

4. 基础主梁在高度变截处，上下钢筋深入支座长要达到（　　）要求。

    A．深入支座长要满足 l_a

    B．深入支座长要满足 1000mm

    C．深入支座长要满足 15d

    D．深入支座长要满足 2 倍的梁高

二、多选题

1. 独立承台的集中标注的必注内容有（　　）。

    A．独立承台编号

    B．截面竖向尺寸

    C．配筋

    D．承台板底面标高

在线答题

2. 梁板式筏形基础有构件编号的构件类型包括（　　）。

    A．基础主梁（柱下）

    B．基础次梁

    C．梁板式筏形基础平板

    D．跨中板带